바쁜 친구들이 즐거워지는 **빠른** 학습법 — 서술형 기본서

징검다리 교육연구소 최순미 지음

나 혼자 푼다!
수학 문장제

초등
5-1

새 교육과정 완벽 반영!
1학기 교과서 순서와 똑같아
공부하기 좋아요!

이지스 에듀

저자 소개

최순미 선생님은 징검다리 교육연구소의 대표 저자입니다. 이지스에듀에서 《바쁜 5·6학년을 위한 빠른 연산법》
과 《바쁜 3·4학년을 위한 빠른 연산법》, 《바쁜 1·2학년을 위한 빠른 연산법》 시리즈를 집필, 새로운 교육과정에
걸맞은 연산 교재로 새 바람을 불러일으켰습니다. 지난 20여 년 동안 EBS, 디딤돌 등과 함께 100여 종이 넘는 교
재 개발에 참여해 왔으며 《EBS 초등 기본서 만점왕》, 《EBS 만점왕 평가문제집》 등의 참고서 외에도 《눈높이수
학》 등 수십 종의 교재 개발에 참여해 온, 초등 수학 전문 개발자입니다.
그 동안의 경험을 집대성해, 요즘 학교 시험 서술형을 누구나 쉽게 익힐 수 있는 《나 혼자 푼다! 수학 문장제》 시리즈
를 집필했습니다.

징검다리 교육연구소는 적은 시간을 투입해도 오래 기억에 남는 학습의 과학을 생각하는 이지스에듀의 공부 연구
소입니다. 아이들이 기계적으로 공부하지 않도록, 두뇌가 활성화되는 과학적 학습 설계가 적용된 책을 만듭니다.

바쁜 친구들이 즐거워지는 빠른 학습법 - 바빠 시리즈
나 혼자 푼다! 수학 문장제 - 5학년 1학기

초판 인쇄 | 2020년 6월 10일
초판 5쇄 | 2024년 3월 25일
지은이 | 징검다리 교육연구소 최순미
발행인 | 이지연
펴낸곳 | 이지스퍼블리싱(주)
출판사 등록번호 | 제313-2010-123호
주소 | 서울시 마포구 잔다리로 109 이지스 빌딩 5층(우편번호 04003)
대표전화 | 02-325-1722   **팩스** | 02-326-1723
이지스퍼블리싱 홈페이지 | www.easyspub.com   **이지스에듀 카페** | www.easyspub.co.kr
바빠 아지트 블로그 | blog.naver.com/easyspub   **인스타그램** | @easys_edu
페이스북 | www.facebook.com/easyspub2014   **이메일** | service@easyspub.co.kr

기획 및 책임 편집 | 박지연, 조은미, 정지연, 김현주, 이지혜   **일러스트** | 김학수
디자인 | 정우영   **전산편집** | 아이에스   **인쇄** | 보광문화사
영업 및 문의 | 이주동, 김요한(support@easyspub.co.kr)   **마케팅** | 박정현, 한송이, 이나리   **독자 지원** | 오경신, 박애림

ISBN 979-11-6303-168-0 64410
ISBN 979-11-87370-61-1(세트)
가격 9,800원

알찬 교육 정보도 만나고 출판사 이벤트에도 참여하세요!

1. 바빠 공부단 카페
cafe.naver.com/easyispub

2. 인스타그램 + 카카오 플러스 친구
@easys_edu   🔍 이지스에듀 검색!

• **이지스에듀**는 이지스퍼블리싱(주)의 교육 브랜드입니다.
  이지스에듀는 아이들을 탈락시키지 않고 모두 목적지까지 데리고 가는 정신으로 책을 만듭니다.

서술형 문장제도 나 혼자 푼다!

 ## 새로 개정된 교육과정, 서술의 힘이 중요해진 초등 수학 평가

새로 개정된 교육과정의 핵심은 바로 '4차 산업혁명 시대에 걸맞은 인재 양성'입니다. 어린이가 살아갈 미래 사회가 요구하는 인재 양성을 목표로, 이전의 단순 암기가 아닌 스스로 탐구해 알아가는 과정 중심 평가가 이루어집니다.

과정 중심 평가의 대표적인 유형은 서술형입니다. 수학에서는 단순 계산보다는 실생활과 관련된 문장형 문제가 많이 나오고, 답뿐만 아니라 '풀이 과정'을 평가하는 비중이 대폭 높아집니다.

 ## 정답보다 과정이 중요해요! — 문장형 풀이 과정 완벽 반영!

예를 들어, 부산의 초등학교에서 객관식 시험이 사라졌습니다. 주관식 시험도 서술형 위주로 출제되고, '풀이 과정'을 쓰는 문제의 비율도 점점 높아지고 있습니다.

나 혼자 푼다! 수학 문장제는 새 교육과정이 원하는 교육 목표를 충실히 반영한 책입니다! 새 교과서에서 원하는 적정한 난이도의 문제만을 엄선했고, 단계적 풀이 과정을 도입해 어린이 혼자 풀이 과정을 완성하도록 구성했습니다.

부산시교육청의 초등 수학 서술형 시험지.
풀이 과정을 직접 완성해야 한다.

 ## 문장제, 옛날처럼 어렵게 공부하지 마세요!

나 혼자 푼다! 수학 문장제는 새 교과서 유형 문장제를 혼자서도 쉽게 연습할 수 있습니다. 요즘 교육청에서는 과도하게 어려운 문제를 내지 못하게 합니다. 이 책에는 옛날 스타일 책처럼 쓸데없이 꼬아 놓은 문제나, 경시 대회 대비 문제집처럼 아이들을 탈락시키기 위한 문제가 없습니다. 진짜 실력이 착착 쌓이고 공부가 되도록 기획된 문장제 책입니다.

또한 문제를 생각하는 과정 순서대로 쉽게 풀어 나가도록 구성했습니다. 단답형 문제부터 서술형 문제까지, 서서히 빈칸을 늘려 가며 풀이 과정과 답을 쓰도록 구성했지요. 요즘 학교 시험 스타일 문장제로, 5학년이라면 누구나 쉽게 도전할 수 있습니다.

 ### 문제가 무슨 말인지 모르겠다면? — 문제를 이해하는 힘이 생겨요!

문장제를 틀리는 가장 큰 이유는 문제를 대충 읽 거나, 읽더라도 잘 이해하지 못했기 때문입니다. **나 혼자 푼다! 수학 문장제**는 문제를 정확히 읽 도록 숫자에 동그라미를 치고, 구하는 것(주로 마 지막 문장)에는 밑줄을 긋는 훈련을 합니다. 문제를 정확하게 읽는 습관을 들이면, 주어진 조 건과 구하는 것을 빨리 파악하는 힘이 생깁니다.

 ### 나만의 문제 해결 전략을 떠올려 봐요! — '포스트잇'과 '스케치북'

이 책에는 문제 해결 전략을 찾는 데 도움이 되도록 포스트잇과 스케치북을 제시했습니다. 표 그리 기, 그림 그리기, 간단하게 나타내기 등 낙서하듯 자유롭게 정리해 보세요! 나만의 문제 해결 전략 을 찾아낼 수 있을 거예요!

 ### 막막하지 않아요! — 빈칸을 채우며 풀이 과정 훈련!

이 책은 풀이 과정의 빈칸을 채우다 보면 식이 완성되고 답이 구해지도록 구성했습니다. 또한 처음 나오는 유형의 풀이 과정은 연한 글씨를 따라 쓰도록 구성해, 막막해지는 상황을 예방해 줍니다. 또한 이 책의 빈칸을 따라 쓰고 채우다 보면 풀이 과정이 훈련돼, 긴 풀이 과정도 혼자서 척척 써 내 는 힘이 생깁니다. 수학은 약간만 노력해도 풀 수 있는 문제부터 풀어야 효과적입니다. 어렵지도 쉽지도 않은 딱 적당 한 난이도의 **나 혼자 푼다! 수학 문장제**로 스스로 문제를 풀어 보세요. 혼자서 문제를 해결하면, 수 학에 자신감이 생기고 어느 순간 수학적 사고력도 향상됩니다. 이렇게 만들어진 문제 해결력은 어 떤 수학 문제가 나와도 해결해 내는 힘이 될 거예요!

'나 혼자 푼다! 수학 문장제' 구성과 특징

1. 혼자 푸는데도 선생님이 옆에 있는 것 같아요! — 친절한 도움말이 담겨 있어요.

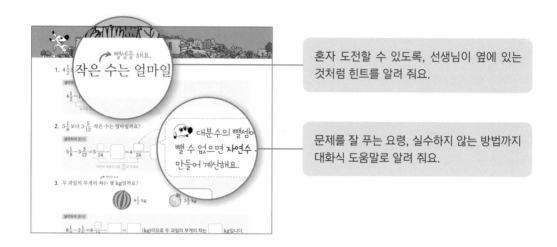

혼자 도전할 수 있도록, 선생님이 옆에 있는 것처럼 힌트를 알려 줘요.

문제를 잘 푸는 요령, 실수하지 않는 방법까지 대화식 도움말로 알려 줘요.

2. 교과서 대표 유형 집중 훈련! — 같은 유형으로 반복 연습해서, 익숙해지도록 도와줘요.

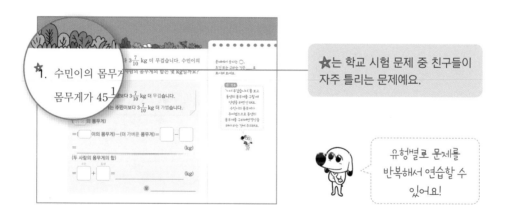

★는 학교 시험 문제 중 친구들이 자주 틀리는 문제예요.

유형별로 문제를 반복해서 연습할 수 있어요!

3. 문제 해결의 실마리를 찾는 훈련! — 조건과 구하는 것을 찾아보세요.

숫자에는 동그라미, 구하는 것(주로 마지막 문장)에는 밑줄 치며 푸는 습관을 들여 보세요. 문제를 정확히 읽고 빨리 이해할 수 있습니다. 소리 내어 문제를 읽는 것도 좋아요!

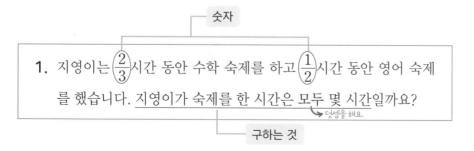

숫자

1. 지영이는 $\frac{2}{3}$시간 동안 수학 숙제를 하고 $\frac{1}{2}$시간 동안 영어 숙제를 했습니다. 지영이가 숙제를 한 시간은 모두 몇 시간일까요?
덧셈을 해요.

구하는 것

4. 나만의 해결 전략 찾기! — 스케치북에 낙서하듯 해결 전략을 떠올려 봐요!

스케치북에 낙서하듯 그림을 그리거나 표로 정리해 보면 문제가 더 쉽게 이해되고, 식도 더 잘 세울 수 있어요! 풀이 전략에는 정답이 없으니 나만의 전략을 자유롭게 세워 봐요!

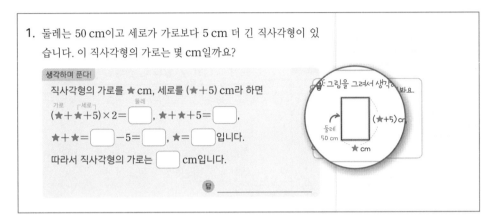

5. 단계별 풀이 과정 훈련! — 막막했던 풀이 과정을 손쉽게 익힐 수 있어요.

'생각하며 푼다!'의 빈칸을 따라 쓰고 채우다 보면 긴 풀이 과정도 나 혼자 완성할 수 있어요!

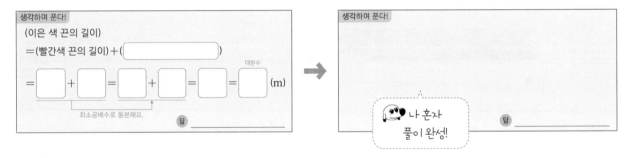

6. 시험에 자주 나오는 문제로 마무리! — 단원평가도 문제없어요!

각 단원마다 시험에 자주 나오는 주요 문장제를 담았어요. 실제 시험을 치르는 것처럼 풀어 보세요!

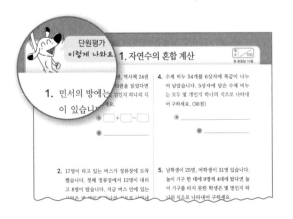

'나 혼자 푼다! 수학 문장제' 이렇게 공부하세요.

- 다음 친구에게 이 책을 추천해요!

 문제 자체를
이해 못하는 친구

 풀이 과정 쓰기가
막막한 친구

 학교 시험을 100점
받고 싶은 친구

▶ 숫자에 동그라미, 구하는 것에
밑줄 치며 문제를 읽으세요!

▶ 빈칸을 채워 가며
풀이 과정을 쉽게 익혀요!

▶ 새 교과서 진도에 딱 맞춘 문장제
책으로 학교 시험 서술형까지 OK!

1. 개정된 교과서 진도에 맞추어 공부하려면?

'나 혼자 푼다! 수학 문장제 5-1'는 개정된 수학 교과서에 딱 맞춘 문장제 책입니다. 개정된 교과서의 모든 단원을 다루었으므로 학교 진도에 맞추어 공부하기 좋습니다.

교과서로 공부하고 문장제로 복습하세요. 하루 15분, 2쪽씩, 일주일에 4번 공부하는 것을 목표로 계획을 세워 보세요. 집중해서 공부하고 싶다면 하루 1과씩 풀어도 좋아요.

문장제 책으로 한 학기 수학을 공부하면, 수학 교과서도 더 풍부하게 이해되고 주관식부터 서술형까지 학교 시험도 더 잘 볼 수 있습니다.

2. 문제는 이해되는데, 연산 실수가 잦다면?

문제를 이해하고 식은 세워도 연산 실수가 잦다면, 연산 훈련을 함께하세요! 특히 5학년은 분수를 어려워하는 경우가 많으니, '분수 편'으로 점검해 보세요.

매일매일 꾸준히 연산 훈련을 하고, 일주일에 하루는 '나 혼자 푼다! 수학 문장제'를 풀어 보세요.

5학년은
'분수 편'을
더 많이 풀어요!

바빠 연산법 5·6학년 시리즈

7

 **목차**

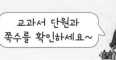 교과서 단원과
쪽수를 확인하세요~

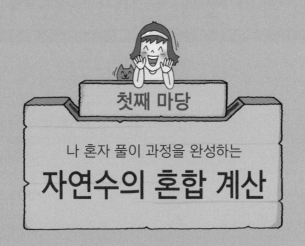

첫째 마당

나 혼자 풀이 과정을 완성하는
자연수의 혼합 계산

첫째 마당에서는 **자연수의 혼합 계산을 활용한 문장제**를 배웁니다.
긴 문장은 끊어 읽고 수와 조건을 찾아 하나의 식으로 나타내어 문제를 해결해 보세요.

식을 세울 때 언제 (   )로 묶어야 하는지 꼭 알고 넘어가세요. 계산 순서가 바뀌면 답도 달라지니까요!

01. 덧셈과 뺄셈이 섞여 있는 식 문장제

1. 내 나이는 몇 살인지 하나의 식으로 나타내어 구하세요.

> 내 나이는 26과 5의 합에서 19를 뺀 수입니다.

생각하며 푼다!

26과 5의 합에서 19를 뺀 수 → 26 **＋** 5 **－** 19
　①　　　　　　　②　　　　　　①　　②

> 덧셈과 뺄셈이 섞여 있는 식은 앞에서부터 차례대로 계산해요.

26 **＋** 5 **－** 19 ＝ ☐ 이므로 내 나이는 ☐ 살입니다.

① ☐

② ☐

계산 순서

❶ 덧셈 → ❷ 뺄셈 순서로 계산해요.

답 _____ 살

> 단위를 꼭 써요!

2. 내가 좋아하는 숫자는 얼마인지 하나의 식으로 나타내어 구하세요.

> 100에서 45를 뺀 수에 22를 더한 수입니다.

생각하며 푼다!

100에서 45를 뺀 수에 22를 더한 수 → 100 **－** ☐ **＋** 22
　①　　　　　　　　　②　　　　　　　　①　　②

100 **－** ☐ **＋** 22 ＝ ☐ ＋22＝ ☐ 이므로 내가 좋아하는 숫자는 ☐ 입니다.
　　①　　　　　　　①　　　　②

답 _____

3. 바빠독이 말한 수는 얼마인지 하나의 식으로 나타내어 구하세요.

 60에서 12와 25의 합을 뺀 수

생각하며 푼다!

60에서 12와 25의 합을 뺀 수 → 60 **－** (☐ **＋** ☐)

60 **－** (☐ **＋** ☐) ＝60－ ☐ ＝ ☐ 이므로 바빠독이 말한 수는 ☐ 입니다.
　　　　①　　　　　　①　　②
　　　②

답 _____

1. 바구니에 딸기 맛 사탕이 ⓔ20개, 포도 맛 사탕이 ⓔ14개 들어 있습니다. 그중에서 8개를 먹었다면 남은 사탕은 몇 개인지 하나의 식으로 나타내어 구하세요.

1. 바구니에 딸기 맛 사탕이 20개, 포도 맛 사탕이 14개 들어 있습니다. 그중에서 8개를 먹었다면 남은 사탕은 몇 개인지 하나의 식으로 나타내어 구하세요.
   ↳ 뺄셈을 해요.

문제에서 숫자는 ○, 조건 또는 구하는 것은 ___로 표시해 보세요.
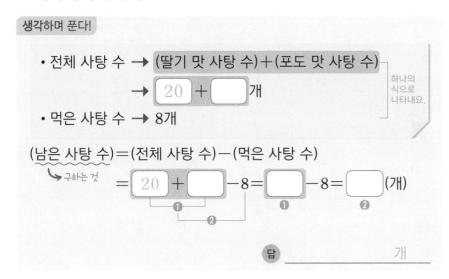

생각하며 푼다!

• 전체 사탕 수 → (딸기 맛 사탕 수)＋(포도 맛 사탕 수)

→ [20] ＋ [ ] 개   하나의 식으로 나타내요.

• 먹은 사탕 수 → 8개

(남은 사탕 수)＝(전체 사탕 수)－(먹은 사탕 수)
   ↳ 구하는 것
　＝[20]＋[ ]－8＝[ ]－8＝[ ](개)

답 _____ 개

2. 민서의 방에는 과학책 35권, 역사책 16권이 있습니다. 그중에서 23권을 읽었다면 아직 읽지 않은 책은 몇 권인지 하나의 식으로 나타내어 구하세요.

생각하며 푼다!

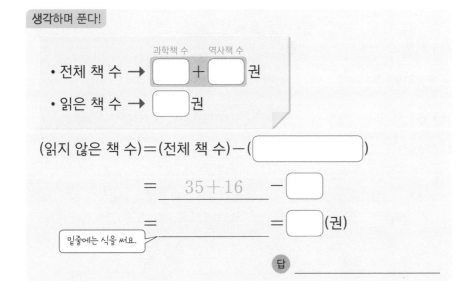

　　　　　　　과학책 수　역사책 수
• 전체 책 수 → [ ]＋[ ] 권
• 읽은 책 수 → [ ] 권

(읽지 않은 책 수)＝(전체 책 수)－([   ])

　　＝ 35＋16 －[ ]

　　＝ ____ ＝[ ](권)
   밑줄에는 식을 써요.

답 _____

1. 준우는 연필 12자루 중에서 7자루를 동생에게 주고 4자루를 친구에게서 받았습니다. 준우가 지금 가지고 있는 연필은 몇 자루인지 하나의 식으로 나타내어 구하세요.

문제에서 숫자는 ◯, 조건 또는 구하는 것은 ___로 표시해 보세요.

생각하며 푼다!

• 7자루를 동생에게 주고
 → 동생에게 준 연필 수 → ⊖ 7 자루
• 4자루를 친구에게서 받았습니다.
 → 친구에게서 받은 연필 수 → ⊕ 4 자루

(준우가 지금 가지고 있는 연필 수)

=(처음에 가지고 있던 연필 수)−(동생에게 준 연필 수)
 +(친구에게서 받은 연필 수)

= 12 − ☐ + ☐ = ☐ + ☐ = ☐(자루)

답 _____

2. 22명이 타고 있는 버스가 정류장에 도착했습니다. 첫째 정류장에서 8명이 내리고 13명이 탔습니다. 지금 버스 안에 있는 사람은 몇 명인지 하나의 식으로 나타내어 구하세요.

생각하며 푼다!

• 8명이 내리고 → 내린 사람 수 → ⊖ ☐ 명
• 13명이 탔습니다. → 탄 사람 수 → ⊕ ☐ 명

(지금 버스 안에 있는 사람 수)

=(처음에 타고 있던 사람 수)−(☐ 사람 수)+(☐ 사람 수)

= ☐ − _____

= _____ = ☐(명)

밑줄에는 식을 써요.

답 _____

1. 햄버거 가게에서 은지는 수제햄버거를 1개 먹었고 현서는 핫도그
   와 주스를 1개씩 먹었습니다. 은지는 현서보다 얼마를 더 내야
   하는지 하나의 식으로 나타내어 구하세요. ↘ 뺄셈

수제햄버거 1개	핫도그 1개	주스 1개
4500원	1800원	1000원

생각하며 푼다!

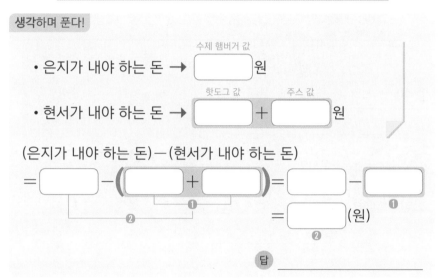

- 은지가 내야 하는 돈 → [　　] 원 수제 햄버거 값
- 현서가 내야 하는 돈 → [　　] + [　　] 원 핫도그 값 주스 값

(은지가 내야 하는 돈) − (현서가 내야 하는 돈)

= [　　] − ([　　] + [　　]) = [　　] − [　　]
      ②   ①   ①

= [　　] (원)
      ②

답 _____

2. 지수는 800원짜리 아이스크림 1개와 1500원짜리 과자 1봉지를
   사고 3000원을 냈습니다. 지수가 받은 거스름돈은 얼마인지 하
   나의 식으로 나타내어 구하세요.

생각하며 푼다!

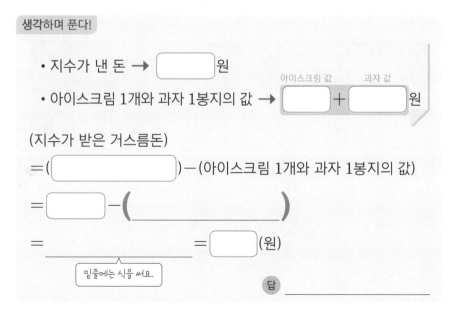

- 지수가 낸 돈 → [　　] 원
- 아이스크림 1개와 과자 1봉지의 값 → [　　] + [　　] 원 아이스크림 값 과자 값

(지수가 받은 거스름돈)

= ([　　　　　　]) − (아이스크림 1개와 과자 1봉지의 값)

= [　　] − (_____)

= _____ = [　　] (원)

밑줄에는 식을 써요.

답 _____

먼저 계산하는 부분을
(   )로 묶어요.

⭐ 식에 알맞은 문제를 만들어, 풀이 과정을 쓰고 답을 구하세요. [1-2]

1.

$$24+9-15$$

문제 체육관에 남학생이 24 명, 여학생이 ☐ 명 있습니다. 이 중에서 체육복을 입은 학생이 ☐명이라면 체육복을 입지 않은 학생은 몇 명일까요?

생각하며 푼다!

(체육복을 입지 않은 학생 수)

= (전체 학생 수) − (☐)

          남학생 수   여학생 수

= 24 + ☐ − ☐

= ☐ − ☐ = ☐ (명)

답 _____

2.

$$20+12-6$$

'남학생', '여학생', '모자를 쓴 학생'을 넣어 만들어 봐요.

문제 운동장에 _____

_____

_____ ?

생각하며 푼다!

답 _____

식만 보고 문제를 만드는 건 쉽지 않죠? 1번 문제를 보면서 주어진 단어들을 넣어 문제를 만드는 연습을 해 봐요. 자신감이 조금씩 생길 거예요!

02. 곱셈과 나눗셈이 섞여 있는 식 문장제

1. 수빈이의 나이는 몇 살인지 하나의 식으로 나타내어 구하세요.

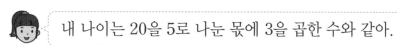

내 나이는 20을 5로 나눈 몫에 3을 곱한 수와 같아.

생각하며 푼다!

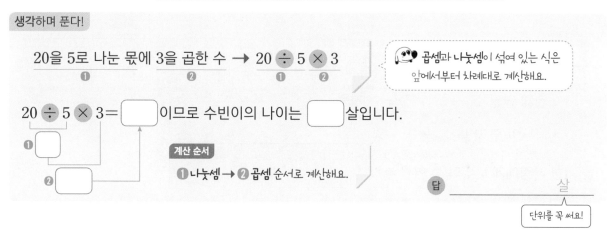

20을 5로 나눈 몫에 3을 곱한 수 → 20 ÷ 5 × 3

곱셈과 나눗셈이 섞여 있는 식은 앞에서부터 차례대로 계산해요.

20 ÷ 5 × 3 = ☐ 이므로 수빈이의 나이는 ☐ 살입니다.

계산 순서
❶ 나눗셈 → ❷ 곱셈 순서로 계산해요.

답 _____ 살

단위를 꼭 써요!

2. 수빈이네 반 학생은 몇 명인지 하나의 식으로 나타내어 구하세요.

우리 반 학생 수는 15와 4의 곱을 2로 나눈 수와 같아.

생각하며 푼다!

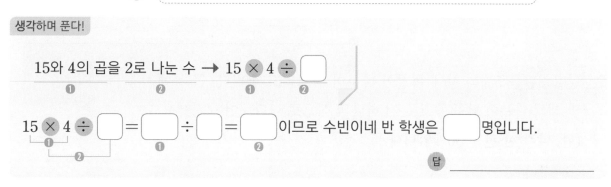

15와 4의 곱을 2로 나눈 수 → 15 × 4 ÷ ☐

15 × 4 ÷ ☐ = ☐ ÷ ☐ = ☐ 이므로 수빈이네 반 학생은 ☐ 명입니다.

답 _____

3. 수빈이네 가족은 몇 명인지 하나의 식으로 나타내어 구하세요.

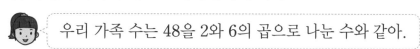

우리 가족 수는 48을 2와 6의 곱으로 나눈 수와 같아.

생각하며 푼다!

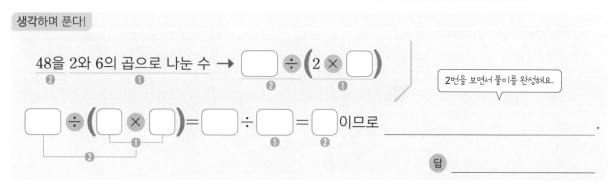

48을 2와 6의 곱으로 나눈 수 → ☐ ÷ (2 × ☐)

2번을 보면서 풀이를 완성해요.

☐ ÷ (☐ × ☐) = ☐ ÷ ☐ = ☐ 이므로 _____ .

답 _____

1. 연필 ③타를 ④명에게 똑같이 나누어 주려고 합니다. 한 사람에게 몇 자루씩 나누어 줄 수 있는지 하나의 식으로 나타내어 구하세요. (단, 연필 한 타는 12자루입니다.)

문제에서 숫자는 ○,
조건 또는 구하는 것은 ___로
표시해 보세요.

생각하며 푼다!

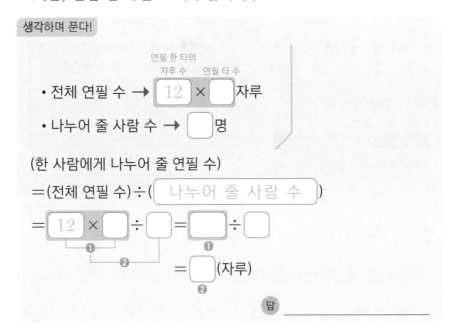

연필 한 타의
자루 수   연필 타 수

- 전체 연필 수 → ⎿12⏌ × ⬜ 자루
- 나누어 줄 사람 수 → ⬜ 명

(한 사람에게 나누어 줄 연필 수)

= (전체 연필 수) ÷ (나누어 줄 사람 수)

= ⎿12⏌ × ⬜ ÷ ⬜ = ⬜ ÷ ⬜
      ❶   ❶
         ❷
= ⬜ (자루)
   ❷

답 _____

2. 달걀 2판을 5개의 통에 똑같이 나누어 담으려고 합니다. 한 통에 몇 개씩 나누어 담을 수 있는지 하나의 식으로 나타내어 구하세요. (단, 달걀 한 판은 30개입니다.)

생각하며 푼다!

달걀
한 판의 개수   달걀 판 수

- 전체 달걀 수 → ⬜ × ⬜ 개
- 나누어 담을 통 수 → ⬜ 개

(한 통에 나누어 담을 달걀 수)

= (전체 달걀 수) ÷ (_____)

= ⬜ × ⬜ ÷ ⬜

= _____ = ⬜ (개)

답 _____

1. 사과 40개를 5상자에 똑같이 나누어 담았습니다. 이 중 2상자에 담은 사과는 모두 몇 개인지 하나의 식으로 나타내어 구하세요.

나눗셈

곱셈

생각하며 푼다!

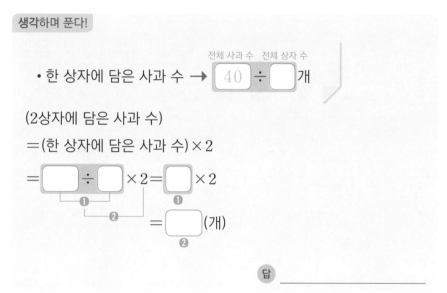

• 한 상자에 담은 사과 수 → 전체 사과 수 전체 상자 수 $\boxed{40} \div \boxed{}$ 개

(2상자에 담은 사과 수)

＝(한 상자에 담은 사과 수)×2

＝$\boxed{} \div \boxed{} \times 2 = \boxed{} \times 2$

❶ ❷ ❶

＝$\boxed{}$ (개)

❷

답 _____

2. 수제 비누 42개를 7상자에 똑같이 나누어 담았습니다. 이 중 3상자에 담은 수제 비누는 모두 몇 개인지 하나의 식으로 나타내어 구하세요.

생각하며 푼다!

• 한 상자에 담은 수제 비누 수 → 전체 비누 수 전체 상자 수 $\boxed{} \div \boxed{}$ 개

(3상자에 담은 수제 비누 수)

＝($\boxed{}$)×3

＝$\boxed{} \div \boxed{} \times \boxed{}$

＝_____ ＝$\boxed{}$ (개)

답 _____

문제에서 숫자는 ◯,
조건 또는 구하는 것은 ___로
표시해 보세요.

1. 도넛 60개를 한 상자에 4개씩 3줄로 담으려고 합니다. 도넛을 모두
   담으려면 몇 상자가 필요한지 하나의 식으로 나타내어 구하세요.

   생각하며 푼다!

   • 전체 도넛 수 → ☐ 개

   • 한 상자에 담을 수 있는 도넛 수 → ☐ × ☐ 개

   (필요한 상자 수)
   =(전체 도넛 수)÷(한 상자에 담을 수 있는 도넛 수)
   = 60 ÷ (☐ × ☐) = 60 ÷ ☐
   = ☐ (상자)

   답 _____

2. 곶감 45개를 한 상자에 3개씩 5줄로 담으려고 합니다. 곶감을 모두
   담으려면 몇 상자가 필요한지 하나의 식으로 나타내어 구하세요.

   생각하며 푼다!

   • 전체 곶감 수 → ☐ 개

   • 한 상자에 담을 수 있는 곶감 수 → ☐ × ☐ 개

   (필요한 상자 수)
   =(전체 곶감 수)÷(☐)
   = ☐ ÷ (☐ × ☐)
   = _____ = ☐ (상자)

   답 _____

1. 어느 수제 피자 가게에서 한 명이 피자를 한 시간에 8판 만들 수 있다고 합니다. 3명이 피자 120판을 만들려면 몇 시간이 걸리는지 하나의 식으로 나타내어 구하세요.

생각하며 푼다!

- 전체 피자 수 ➡ ☐ 판

  한 시간에 만들 수
  있는 피자 수   사람 수

- 3명이 한 시간에 만들 수 있는 피자 수 ➡ ☐ × ☐ 판

(3명이 피자 120판을 만드는 데 걸리는 시간)
＝(전체 피자 수)÷(3명이 한 시간에 만들 수 있는 피자 수)
＝ ☐ ÷(☐ × ☐)＝ ☐ ÷ ☐
  　　　　❷　　　　❶　　　　　　　　　　❶
＝ ☐ (시간)
  　❷

답 ＿＿＿＿＿＿＿＿＿＿＿

2. 한 명이 종이학을 한 시간에 14개씩 접으려고 합니다. 5명이 종이학 210개를 접으려면 몇 시간이 걸리는지 하나의 식으로 나타내어 구하세요.

생각하며 푼다!

- 전체 종이학 수 ➡ ☐ 개

  한 시간에 접을 수
  있는 종이학 수   사람 수

- 5명이 한 시간에 접을 수 있는 종이학 수 ➡ ☐ × ☐ 개

(5명이 종이학 210개를 접는 데 걸리는 시간)
＝(전체 종이학 수)
　÷(☐)
＝ ☐ ÷(☐ × ☐)
＝ ＿＿＿＿＿＿＿ ＝ ☐ (시간)

밑줄에는 식을 써요.

답 ＿＿＿＿＿＿＿＿＿＿＿

⭐ 식에 알맞은 문제를 만들어, 풀이 과정을 쓰고 답을 구하세요. [1-2]

1.

$$10 \times 3 \div 5$$

문제 한 묶음에 [10] 권인 공책 [ ]묶음을 [ ]명의 학생에게 똑같이 나누어 주려고 합니다. 한 명에게 몇 권씩 나누어 주어야 할까요?

생각하며 푼다!

(한 명에게 나누어 줄 [ ] 수)

＝(전체 공책 수)÷([   ])

＝10× [ ] ÷ [ ] ＝ [ ] ÷ [ ] ＝ [ ](권)

답 _____

2.

$$16 \times 5 \div 4$$

'도넛을 한 판에', '상자', '똑같이'를 넣어 만들어요.

문제 도넛 가게에서 도넛을 한 판에 [ ]개씩 [ ]판 구워서

_____

_____ ?

생각하며 푼다!

답 _____

만든 문제를 식으로 나타내었을 때 주어진 식으로 나타낼 수 있으면 돼요. 자신감을 가지고 문제를 만들어 봐요!

03. 덧셈, 뺄셈, 곱셈이 섞여 있는 식 문장제

1. 서준이 동생의 나이는 몇 살인지 하나의 식으로 나타내어 구하세요.

 내 동생의 나이는 31에서 7과 4의 곱을 뺀 수에 6을 더한 수와 같아.

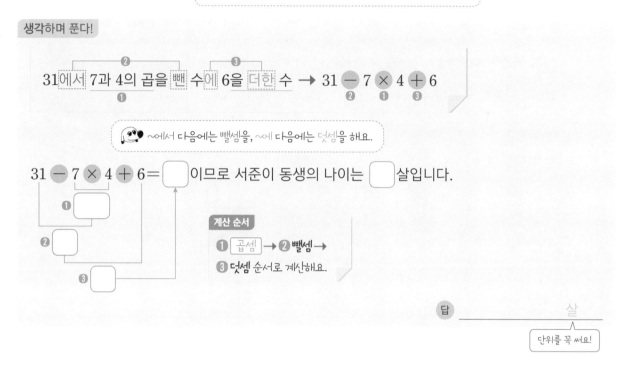

생각하며 푼다!

31에서 7과 4의 곱을 뺀 수에 6을 더한 수 → 31 － 7 × 4 ＋ 6

∿에서 다음에는 뺄셈을, ∿에 다음에는 덧셈을 해요.

31 － 7 × 4 ＋ 6 = ☐ 이므로 서준이 동생의 나이는 ☐ 살입니다.

계산 순서

❶ 곱셈 → ❷ 뺄셈 →
❸ 덧셈 순서로 계산해요.

답 _____ 살

단위를 꼭 써요!

2. 바빠독이 말한 수는 얼마인지 하나의 식으로 나타내어 구하세요.

16에 3과 5의 곱을 더한 수에서 8을 뺀 수야.

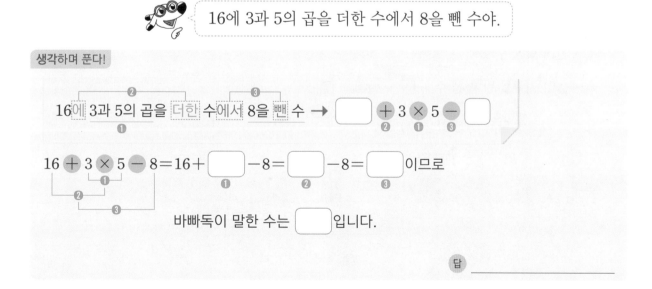

생각하며 푼다!

16에 3과 5의 곱을 더한 수에서 8을 뺀 수 → ☐ ＋ 3 × 5 － ☐

16 ＋ 3 × 5 － 8 = 16＋☐－8 = ☐－8 = ☐ 이므로

바빠독이 말한 수는 ☐ 입니다.

답 _____

1. 빨간색 색종이가 ㉔장, 파란색 색종이가 ㉗장 있습니다. 친구 ④명
이 ⑧장씩 사용했다면 <u>남은 색종이는 몇 장</u>인지 하나의 식으로 나
타내어 구하세요.
              ↳ 뺄셈

문제에서 숫자는 ◯,
조건 또는 구하는 것은 ___로
표시해 보세요.

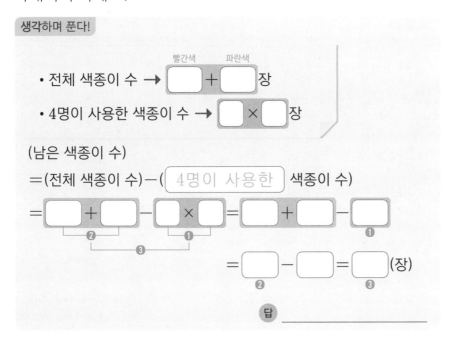

생각하며 푼다!

• 전체 색종이 수 → ☐(빨간색) + ☐(파란색) 장

• 4명이 사용한 색종이 수 → ☐ × ☐ 장

(남은 색종이 수)

= (전체 색종이 수) − (4명이 사용한 색종이 수)

= ☐ + ☐ − ☐ × ☐ = ☐ + ☐ − ☐

= ☐ − ☐ = ☐ (장)

답 _____

계산 순서

❶ 곱셈
→ ❷ 덧셈
→ ❸ 뺄셈

2. 남학생이 13명, 여학생이 15명 있습니다. 놀이 기구 한 대에 6명
씩 3대에 탔다면 놀이 기구를 타지 못한 학생은 몇 명인지 하나
의 식으로 나타내어 구하세요.

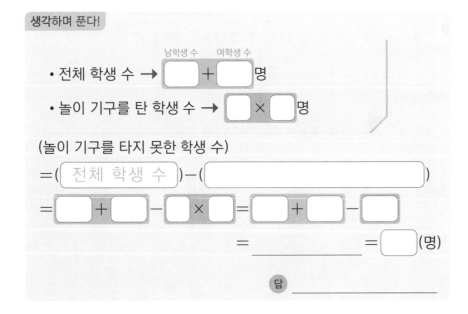

생각하며 푼다!

• 전체 학생 수 → ☐(남학생 수) + ☐(여학생 수) 명

• 놀이 기구를 탄 학생 수 → ☐ × ☐ 명

(놀이 기구를 타지 못한 학생 수)

= (전체 학생 수) − (☐)

= ☐ + ☐ − ☐ × ☐ = ☐ + ☐ − ☐

= _____ = ☐ (명)

답 _____

1. 수현이네 반 학생은 남학생이 15명, 여학생이 17명입니다. 9명씩 2모둠으로 나누어 야구를 하고, 야구를 하지 않는 나머지 학생들은 응원을 했습니다. 응원을 한 학생이 모두 몇 명인지 하나의 식으로 나타내어 구하세요.

생각하며 푼다!

응원을 한 학생 수는 야구를 하지 않는 학생 수와 같아요.

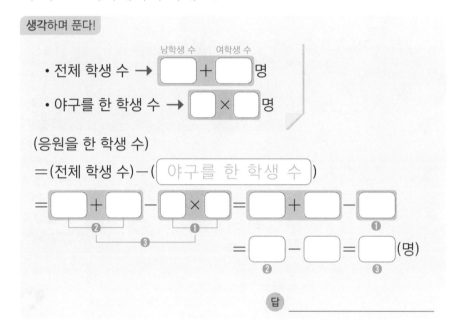

- 전체 학생 수 → 남학생 수 □ + 여학생 수 □ 명
- 야구를 한 학생 수 → □ × □ 명

(응원을 한 학생 수)
= (전체 학생 수) − (야구를 한 학생 수)
= □ + □ − □ × □ = □ + □ − □
= □ − □ = □ (명)

답 _____

2. 민석이네 반 학생은 30명입니다. 12명씩 2모둠으로 나누어 피구를 하고, 피구를 하지 않는 나머지 학생들은 다른 반 학생 3명과 함께 응원을 했습니다. 응원을 한 학생이 모두 몇 명인지 하나의 식으로 나타내어 구하세요.

생각하며 푼다!

- 전체 학생 수
  → 30 명
- 피구를 한 학생 수
  → 12 × 2 명
- 다른 반 학생 수
  → 3 명

(응원을 한 학생 수)
= (전체 학생 수) − (_____)
+ (다른 반 학생 수)
= □ − □ × □ + □ = □ − □ + □
= □ + □ = □ (명)

답 _____

1. 초콜릿이 50개 있습니다. 남학생 4명과 여학생 3명이 각각 5개씩 먹었습니다. 남은 초콜릿은 몇 개인지 하나의 식으로 나타내어 구하세요.

문제에서 숫자는 ◯,
조건 또는 구하는 것은 ___로
표시해 보세요.

생각하며 푼다!

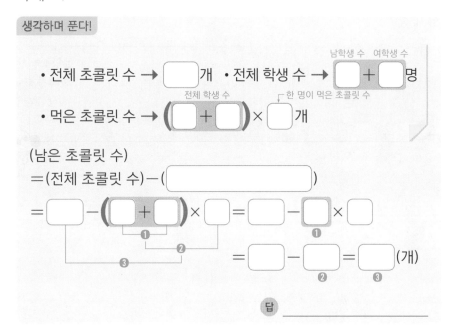

• 전체 초콜릿 수 → ☐ 개   • 전체 학생 수 → ☐ + ☐ 명 (남학생 수 여학생 수)

• 먹은 초콜릿 수 → (☐ + ☐) × ☐ 개 (전체 학생 수, 한 명이 먹은 초콜릿 수)

(남은 초콜릿 수)
= (전체 초콜릿 수) − (☐)
= ☐ − (☐ + ☐) × ☐ = ☐ − ☐ × ☐
= ☐ − ☐ = ☐ (개)

답 _____

복잡한 연산을 할 때
괄호를 사용해요.
먹은 초콜릿 수를 구하려면
'전체 학생 수'에
'한 명이 먹은 초콜릿 수'를
곱해야 하므로 ( )를 이용해서
'전체 학생 수'를 묶어
(남학생 수+여학생 수)×5로
나타내면 돼요.

2. 색종이가 30장 있습니다. 지우네 모둠 5명과 민서네 모둠 6명에게 2장씩 나누어 주었습니다. 남은 색종이는 몇 장인지 하나의 식으로 나타내어 구하세요.

생각하며 푼다!

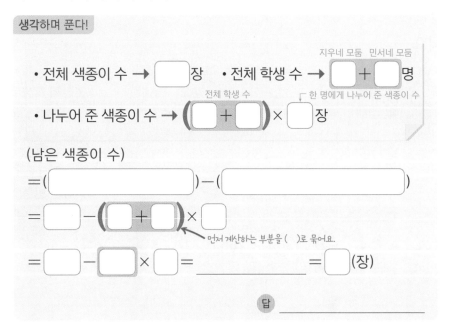

• 전체 색종이 수 → ☐ 장   • 전체 학생 수 → ☐ + ☐ 명 (지우네 모둠 민서네 모둠)

• 나누어 준 색종이 수 → (☐ + ☐) × ☐ 장 (전체 학생 수, 한 명에게 나누어 준 색종이 수)

(남은 색종이 수)
= (☐) − (☐)
= ☐ − (☐ + ☐) × ☐
  먼저 계산하는 부분을 ( )로 묶어요.
= ☐ − ☐ × ☐ = _____ = ☐ (장)

답 _____

1. 민재는 12살이고, 동생은 민재보다 4살 어립니다. 어머니는 동생 나이의 6배보다 3살 적습니다. 어머니의 나이는 몇 살인지 하나의 식으로 나타내어 구하세요.

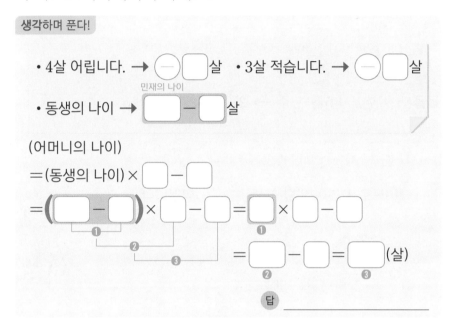

생각하며 푼다!

• 4살 어립니다. → ◯－☐살   • 3살 적습니다. → ◯－☐살
　　　　　　　　민재의 나이
• 동생의 나이 → ☐－☐살

(어머니의 나이)
= (동생의 나이) × ☐ － ☐
= (☐－☐) × ☐ － ☐ = ☐ × ☐ － ☐
= ☐ － ☐ = ☐ (살)

답 _____

2. 혜리는 12살이고, 언니는 혜리보다 2살 많습니다. 아버지는 언니 나이의 3배보다 5살 많습니다. 아버지의 나이는 몇 살인지 하나의 식으로 나타내어 구하세요.

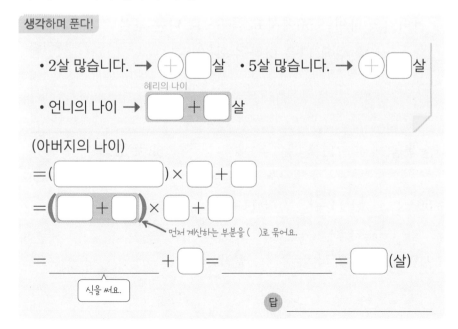

생각하며 푼다!

• 2살 많습니다. → ◯＋☐살   • 5살 많습니다. → ◯＋☐살
　　　　　　　　혜리의 나이
• 언니의 나이 → ☐＋☐살

(아버지의 나이)
= (_____) × ☐ ＋ ☐
= (☐＋☐) × ☐ ＋ ☐   ← 먼저 계산하는 부분을 ( )로 묶어요.
= _____ ＋ ☐ = _____ = ☐ (살)
　　　식을 써요.

답 _____

먼저 계산하는 부분을 ( )로 묶어요.

04. 덧셈, 뺄셈, 나눗셈이 섞여 있는 식 문장제

1. 서연이네 반 학생은 몇 명인지 하나의 식으로 나타내어 구하세요.

 우리 반 학생 수는 27에 32를 8로 나눈 몫을 더한 수에서 5를 뺀 수와 같아.

생각하며 푼다!

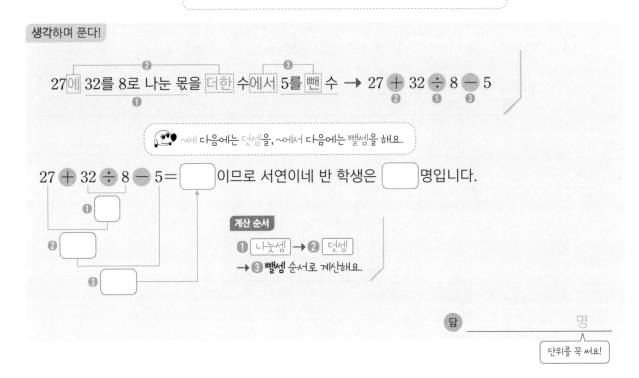

27에 32를 8로 나눈 몫을 더한 수에서 5를 뺀 수 → 27 ⊕ 32 ÷ 8 ⊖ 5

~에 다음에는 덧셈을, ~에서 다음에는 뺄셈을 해요.

27 ⊕ 32 ÷ 8 ⊖ 5 = ☐ 이므로 서연이네 반 학생은 ☐ 명입니다.

계산 순서

① 나눗셈 → ② 덧셈
→ ③ 뺄셈 순서로 계산해요.

답 _____ 명

단위를 꼭 써요!

2. 서연이 어머니의 나이는 몇 살인지 하나의 식으로 나타내어 구하세요.

 어머니의 나이는 50에서 63을 3으로 나눈 몫을 뺀 수에 11을 더한 수와 같아.

생각하며 푼다!

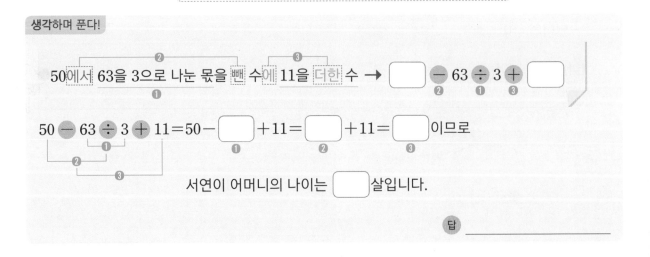

50에서 63을 3으로 나눈 몫을 뺀 수에 11을 더한 수 → ☐ ⊖ 63 ÷ 3 ⊕ ☐

50 ⊖ 63 ÷ 3 ⊕ 11 = 50 − ☐ + 11 = ☐ + 11 = ☐ 이므로

서연이 어머니의 나이는 ☐ 살입니다.

답 _____

1. 키위 ③개의 무게는 ㉚g이고 귤 ④개의 무게는 ㉊g입니다. 키위 ①개의 무게는 귤 ①개의 무게보다 얼마나 더 무거운지 하나의 식으로 나타내어 구하세요.

↳ 뺄셈

문제에서 숫자는 ◯,
조건 또는 구하는 것은 ___로
표시해 보세요.

생각하며 푼다!

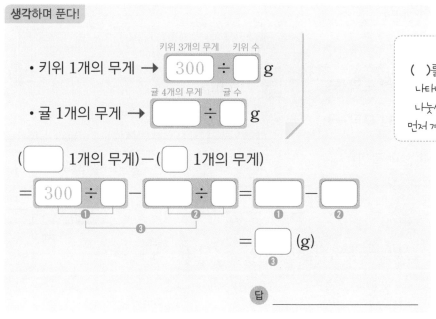

- 키위 1개의 무게 → 키위 3개의 무게 300 ÷ 키위 수 [ ] g
- 귤 1개의 무게 → 귤 4개의 무게 [ ] ÷ 귤 수 [ ] g

([ ] 1개의 무게) − ([ ] 1개의 무게)

= 300 ÷ [ ] − [ ] ÷ [ ] = [ ] − [ ]
  ❶   ❷   ❶   ❷
  └──── ❸ ────┘

= [ ] (g)
  ❸

답 _____

왜 ( )를 사용하지 않을까요?
( )를 사용하여 (□÷□)−(□÷□)와 같이
나타내어도 계산 순서는 같기 때문이에요.
나눗셈과 뺄셈이 섞여 있는 식은 나눗셈을
먼저 계산하므로 꼭 ( )로 묶지 않아도 돼요.

2. 빵 가게에서 단팥 빵은 5개에 6000원이고, 찹쌀 도넛은 5개에 4000원입니다. 단팥 빵 1개는 찹쌀 도넛 1개보다 얼마나 더 비싼지 하나의 식으로 나타내어 구하세요.

생각하며 푼다!

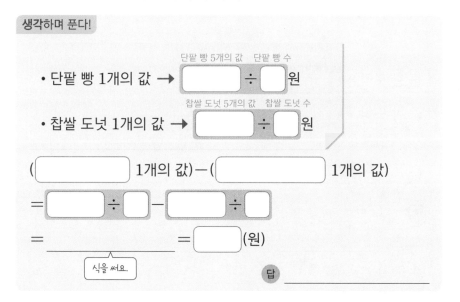

- 단팥 빵 1개의 값 → 단팥 빵 5개의 값 [ ] ÷ 단팥 빵 수 [ ] 원
- 찹쌀 도넛 1개의 값 → 찹쌀 도넛 5개의 값 [ ] ÷ 찹쌀 도넛 수 [ ] 원

([ ] 1개의 값) − ([ ] 1개의 값)

= [ ] ÷ [ ] − [ ] ÷ [ ]

= _____ = [ ] (원)
      └ 식을 써요.

답 _____

1. 24 cm인 종이테이프를 2등분 한 것 중 한 도막과 66 cm인 종이 테이프를 6등분 한 것 중 한 도막을 5 cm가 겹쳐지도록 이어 붙 였습니다. 이어 붙인 종이테이프의 전체 길이는 몇 cm인지 하나 의 식으로 나타내어 구하세요.

문제에서 숫자는 ◯, 조건 또는 구하는 것은 ____로 표시해 보세요.

생각하며 푼다!

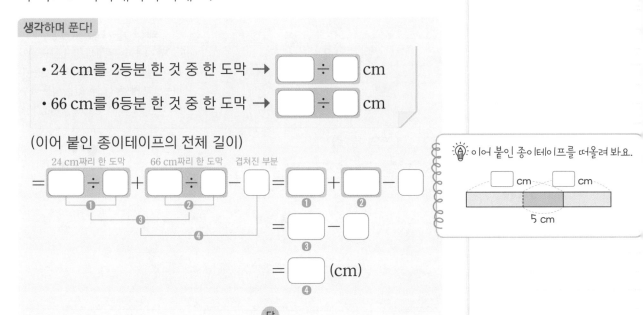

• 24 cm를 2등분 한 것 중 한 도막 → ☐ ÷ ☐ cm

• 66 cm를 6등분 한 것 중 한 도막 → ☐ ÷ ☐ cm

(이어 붙인 종이테이프의 전체 길이)

24 cm짜리 한 도막   66 cm짜리 한 도막   겹쳐진 부분

= ☐ ÷ ☐ + ☐ ÷ ☐ − ☐ = ☐ + ☐ − ☐

= ☐ − ☐

= ☐ (cm)

답 _____

💡 이어 붙인 종이테이프를 떠올려 봐요.

☐ cm   ☐ cm

5 cm

2. 45 cm인 끈을 3등분 한 것 중 한 도막과 60 cm인 끈을 5등분 한 것 중 한 도막을 4 cm가 겹쳐지도록 이어 붙였습니다. 이어 붙인 끈의 전체 길이는 몇 cm인지 하나의 식으로 나타내어 구하세요.

생각하며 푼다!

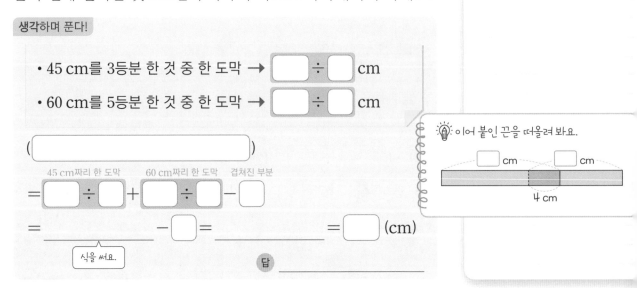

• 45 cm를 3등분 한 것 중 한 도막 → ☐ ÷ ☐ cm

• 60 cm를 5등분 한 것 중 한 도막 → ☐ ÷ ☐ cm

(_____)

45 cm짜리 한 도막   60 cm짜리 한 도막   겹쳐진 부분

= ☐ ÷ ☐ + ☐ ÷ ☐ − ☐

= _____ − ☐ = _____ = ☐ (cm)

식을 써요.

답 _____

💡 이어 붙인 끈을 떠올려 봐요.

☐ cm   ☐ cm

4 cm

1. 알뜰 장터에서 인형은 1개에 500원, 머리끈은 5개에 1000원입니다. 현지는 1000원으로 인형 1개와 머리끈 1개를 샀습니다. 현지가 받은 거스름돈은 얼마인지 하나의 식으로 나타내어 구하세요.

생각하며 푼다!

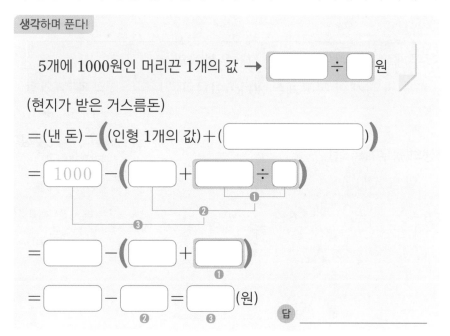

5개에 1000원인 머리끈 1개의 값 → [   ] ÷ [   ] 원

(현지가 받은 거스름돈)

=(낸 돈)−((인형 1개의 값)+([   ]))

= 1000 −([   ]+[   ] ÷ [   ])

= [   ]−([   ]+[   ])

= [   ]−[   ]=[   ](원)

답 _____

두 물건의 값을 ( )를 사용해서 하나로 묶어 나타내어 봐요.

2. 시장에서 배는 1개에 2000원, 사과는 3개에 4800원입니다. 민재는 5000원으로 배 1개와 사과 1개를 샀습니다. 민재가 받은 거스름돈은 얼마인지 하나의 식으로 나타내어 구하세요.

생각하며 푼다!

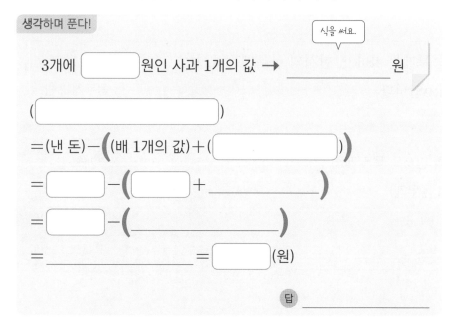

식을 써요.

3개에 [   ]원인 사과 1개의 값 → _____ 원

([   ])

=(낸 돈)−((배 1개의 값)+([   ]))

= [   ]−([   ]+_____)

= [   ]−(_____)

= _____ = [   ](원)

답 _____

앗! 실수
( ) 안의 계산이 끝날 때까지는 ( )를 계속 사용해야 해요.

1. 지구에서 잰 무게는 달에서 잰 무게의 약 6배입니다. 세 사람이 모두 달에서 몸무게를 잰다면 우성이와 동생의 몸무게를 합한 무게가 아버지의 몸무게보다 약 몇 kg 더 무거운지 하나의 식으로 나타내어 구하세요.

(달에서 잰 무게)=(지구에서 잰 무게)÷6

빼셈

> 달에서 잰 아버지의 몸무게는 13 kg, 지구에서 잰 우성이의 몸무게는 54 kg, 지구에서 잰 동생의 몸무게는 30 kg입니다.

생각하며 푼다!
(달에서 잰 우성이와 동생의 몸무게의 합)

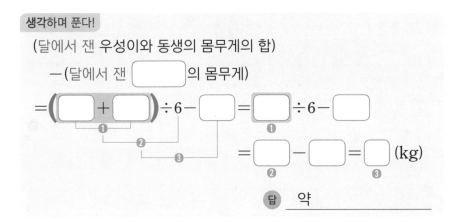

문제에서 숫자는 ◯,
조건 또는 구하는 것은 ____로
표시해 보세요.

- 지구에서 잰 우성이와 동[생]의 몸무게의 합
  → [54] + [30] kg
- 달에서 잰 우성이와 동생[의]
  몸무게의 합
  → ([54] + [30]) ÷6 k[g]
- 달에서 잰 아버지의 몸무[게]
  → [13] kg

답 약 _____

2. 지구에서 잰 무게는 달에서 잰 무게의 약 6배입니다. 세 사람이 모두 달에서 몸무게를 잰다면 지우와 현서의 몸무게를 합한 무게가 민수의 몸무게보다 약 몇 kg 더 무거운지 하나의 식으로 나타내어 구하세요.

> 지구에서 잰 지우의 몸무게는 48 kg, 현서의 몸무게는 42 kg, 민수의 몸무게는 60 kg입니다.

생각하며 푼다!
(달에서 잰 지우와 현서의 몸무게의 합)

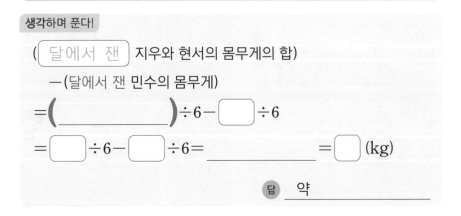

- 지구에서 잰 지우와 현서[의]
  몸무게의 합
  → [48] + [42] kg
- 달에서 잰 지우와 현서의 [몸]
  무게의 합
  → ([48] + [42]) ÷6 k[g]
- 달에서 잰 민수의 몸무게
  → 60÷6 kg

답 약 _____

05. 덧셈, 뺄셈, 곱셈, 나눗셈이 섞여 있는 식 문장제

1. 주어진 식을 계산 순서에 맞게 계산하세요.

$$40 - 7 \times 3 + 36 \div 9$$

덧셈, 뺄셈, 곱셈, 나눗셈이 섞여 있는 식은 곱셈 또는 □을 먼저 계산합니다.

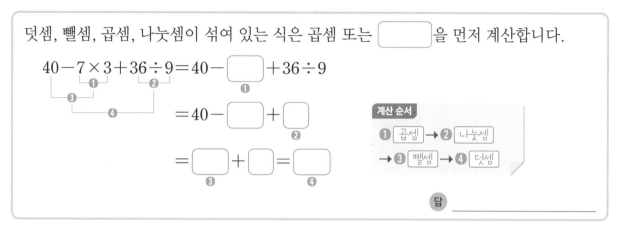

$$40 - 7 \times 3 + 36 \div 9 = 40 - \boxed{} + 36 \div 9$$

$$= 40 - \boxed{} + \boxed{}$$

$$= \boxed{} + \boxed{} = \boxed{}$$

계산 순서
❶ 곱셈 → ❷ 나눗셈
→ ❸ 뺄셈 → ❹ 덧셈

답 _____

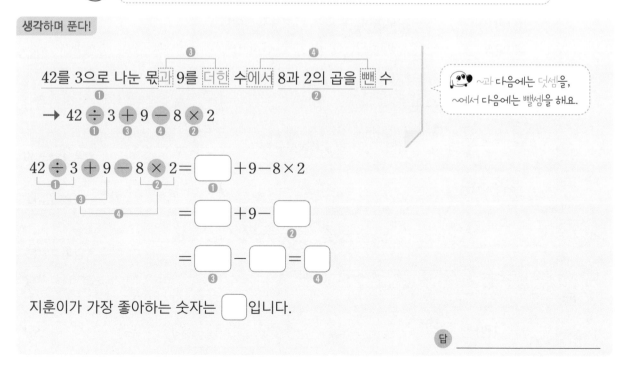

2. 지훈이가 가장 좋아하는 숫자는 얼마인지 하나의 식으로 나타내어 구하세요.

> 42를 3으로 나눈 몫과 9를 더한 수에서 8과 2의 곱을 뺀 수야.

생각하며 푼다!

42를 3으로 나눈 몫과 9를 더한 수에서 8과 2의 곱을 뺀 수

→ $42 \div 3 + 9 - 8 \times 2$

~과 다음에는 덧셈을, ~에서 다음에는 뺄셈을 해요.

$$42 \div 3 + 9 - 8 \times 2 = \boxed{} + 9 - 8 \times 2$$

$$= \boxed{} + 9 - \boxed{}$$

$$= \boxed{} - \boxed{} = \boxed{}$$

지훈이가 가장 좋아하는 숫자는 □입니다.

답 _____

1. 떡볶이 2인분을 만들려고 합니다. 5000원으로 필요한 재료를 사고 남은 돈이 얼마인지 하나의 식으로 나타내어 구하세요.

문제에서 숫자는 ◯,
조건 또는 구하는 것은 ___로
표시해 보세요.

떡(1인분)	어묵(4인분)	양배추(2인분)
600원	4000원	900원

생각하며 푼다!

각 재료의 **2인분**이 되는 값을 각각 구한 후 더한 값이 필요한 재료의 값이에요.

(필요한 재료를 사고 남은 돈)

낸 돈   떡 2인분   어묵 2인분   양배추 2인분

= [5000] − ([　] ×2 + [　] ÷2 +900)

= [　] − ([　] + [　] +900)

= [　] − ([　] +900)

= [　] − [　] = [　] (원)

• 떡 2인분 값 → [600] ×2원

• 어묵 2인분 값 → [4000] ÷2원

• 양배추 2인분 값 → [900] 원

답 _____

( )안 계산이 모두 끝나면
( )를 쓰지 않아도 돼요.

2. 떡볶이 4인분을 만들려고 합니다. 10000원으로 필요한 재료를 사고 남은 돈이 얼마인지 하나의 식으로 나타내어 구하세요.

떡(4인분)	어묵(3인분)	양파(4인분)
2800원	3600원	1300원

생각하며 푼다!

(필요한 재료를 사고 남은 돈)

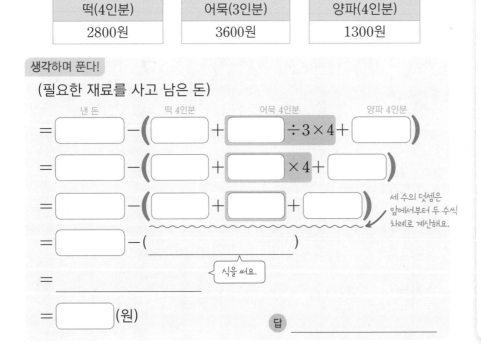

낸 돈   떡 4인분   어묵 4인분   양파 4인분

= [　] − ([　] + [　] ÷3×4 + [　])

= [　] − ([　] + [　] ×4 + [　])

= [　] − ([　] + [　] + [　])

= [　] − (_____)

= _____

= [　] (원)

세 수의 덧셈은
앞에서부터 두 수씩
차례로 계산해요.

식을 써요.

• 떡 4인분 값
  → [2800] 원

• 어묵 4인분 값
  → [3600] ÷3×4원

• 양파 4인분 값
  → [800] 원

답 _____

1. 카레 4인분을 만들려고 합니다. 10000원으로 필요한 채소를 사고 남은 돈이 얼마인지 하나의 식으로 나타내어 구하세요.

감자(4인분)	양파(1인분)	당근(8인분)
3000원	350원	3200원

생각하며 푼다!

(필요한 채소를 사고 남은 돈)

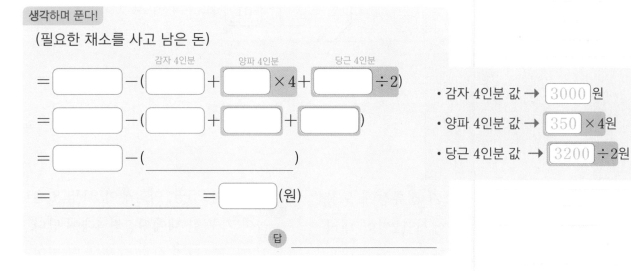

감자 4인분   양파 4인분   당근 4인분

= ☐ −(☐ + ☐ ×4+ ☐ ÷2)

= ☐ −(☐ + ☐ + ☐)

= ☐ −(_____)

= _____ = ☐ (원)

• 감자 4인분 값 → 3000 원
• 양파 4인분 값 → 350 ×4원
• 당근 4인분 값 → 3200 ÷2원

답 _____

2. 짜장 3인분을 만들려고 합니다. 10000원으로 필요한 채소를 사고 남은 돈이 얼마인지 하나의 식으로 나타내어 구하세요.

양배추(1인분)	애호박(6인분)	브로콜리(3인분)
800원	4200원	1500원

생각하며 푼다!

• 양배추 3인분 값
  → 800×3 원
• 애호박 3인분 값
  → 4200÷2 원
• 브로콜리 3인분 값
  → 1500 원

답 _____

1. 자연수의 혼합 계산

1. 민서의 방에는 과학책 50권, 역사책 24권이 있습니다. 그중에서 35권을 읽었다면 아직 읽지 않은 책은 몇 권인지 하나의 식으로 나타내어 구하세요.

식 ☐ + ☐ − ☐

답 _____

2. 17명이 타고 있는 버스가 정류장에 도착했습니다. 첫째 정류장에서 12명이 내리고 8명이 탔습니다. 지금 버스 안에 있는 사람은 몇 명인지 하나의 식으로 나타내어 구하세요.

식 _____

답 _____

3. 달걀 3판을 2개의 통에 똑같이 나누어 담으려고 합니다. 한 통에 몇 개씩 나누어 담을 수 있는지 하나의 식으로 나타내어 구하세요. (단, 달걀 한 판은 30개입니다.)

식 ☐ × ☐ ÷ ☐

답 _____

4. 수제 비누 54개를 6상자에 똑같이 나누어 담았습니다. 5상자에 담은 수제 비누는 모두 몇 개인지 하나의 식으로 나타내어 구하세요. (30점)

식 _____

답 _____

5. 남학생이 25명, 여학생이 31명 있습니다. 놀이 기구 한 대에 9명씩 4대에 탔다면 놀이 기구를 타지 못한 학생은 몇 명인지 하나의 식으로 나타내어 구하세요.

식 ☐ + ☐ − ☐ × ☐

답 _____

6. 빵 가게에서 크림빵은 3개에 4500원이고, 찹쌀 꽈배기는 7개에 5600원입니다. 크림빵 1개는 찹쌀 꽈배기 1개보다 얼마나 더 비싼지 하나의 식으로 나타내어 구하세요. (30점)

식 _____

답 _____

둘째 마당

나 혼자 풀이 과정을 완성하는

약수와 배수

약수를 이용하면 친구들에게 과자를 남김없이 똑같이 나누어 주기 쉬워져요.

배수를 이용하면 일정한 간격으로 출발하는 버스가 몇 번

출발하는지 알수 있지요.

약수와 배수를 활용한 생활 속 문장제를 해결해 보세요.

약수와 배수의 생활 속 문장제를 알면
여러분의 일상생활도 더 편리해질 거예요!

↱ 어떤 수를 나누어떨어지게 하는 수

1. 6의 약수를 모두 구하세요.

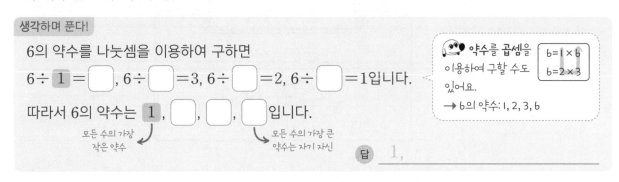

생각하며 푼다!

6의 약수를 나눗셈을 이용하여 구하면

$6 \div \boxed{1} = \boxed{}$, $6 \div \boxed{} = 3$, $6 \div \boxed{} = 2$, $6 \div \boxed{} = 1$입니다.

따라서 6의 약수는 $\boxed{1}$, $\boxed{}$, $\boxed{}$, $\boxed{}$입니다.

모든 수의 가장 ↙   ↘ 모든 수의 가장 큰
작은 약수   약수는 자기 자신

약수를 곱셈을 이용하여 구할 수도 있어요.
$6 = 1 \times 6$
$6 = 2 \times 3$
→ 6의 약수: 1, 2, 3, 6

답 ___1,_____

↱ 나누어떨어지게 하는 수=약수

2. 10을 나누어떨어지게 하는 수를 모두 구하세요.

생각하며 푼다!

10을 나누어떨어지게 하는 수를 나눗셈을 이용하여 구하면

10을 나누어떨어지는 수로 나누어 봐요.

$10 \div \underline{1 = 10,}$ _____ 입니다.

따라서 10의 약수는 _____ 입니다.

답 _____

1, 2, 3번에서 구하는 것에 대한 표현은 서로 다르지만 모두 약수를 구하는 문제예요.

3. 24를 어떤 수로 나누었더니 나누어떨어졌습니다. 어떤 수가 될 수 있는 자연수를 모두 구하세요.

위 문제를 보면서 풀이를 써 봐요.

생각하며 푼다!

답 _____

약수를 구해요.

1. 공책 15권을 친구들이 남김없이 똑같이 나누어 가지려고 합니다. 똑같이 나누어 가질 수 있는 친구 수를 모두 구하세요.

문제에서 숫자는 ◯,
조건 또는 구하는 것은 ___로
표시해 보세요.

생각하며 푼다!

남김없이 똑같이 나누어 가지려면 15의 약수를 구해야 합니다.

15의 약수는 ☐, ☐, ☐, ☐이므로 똑같이 나누어 가질 수 있는 친구 수는 ☐명, ☐명, ☐명, ☐명입니다.

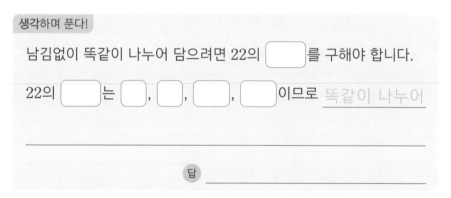

💡 그림을 그려 보면 이해하기 쉬워요.

답 _____

2. 초콜릿 22개를 상자에 남김없이 똑같이 나누어 담으려고 합니다. 똑같이 나누어 담을 수 있는 상자 수를 모두 구하세요.

생각하며 푼다!

남김없이 똑같이 나누어 담으려면 22의 ☐를 구해야 합니다.

22의 ☐는 ☐, ☐, ☐, ☐이므로 똑같이 나누어

_____

답 _____

3. 색종이 49장을 모둠에 남김없이 똑같이 나누어 주려고 합니다. 똑같이 나누어 줄 수 있는 모둠 수를 모두 구하세요.

생각하며 푼다!

답 _____

문제에서 숫자는 ◯,
조건 또는 구하는 것은 ____로
표시해 보세요.

1. 구슬 16개를 친구들에게 남김없이 똑같이 나누어 주려고 합니다. 구슬을 친구들에게 나누어 주는 방법은 모두 몇 가지일까요?

   생각하며 푼다!

   남김없이 똑같이 나누어 주려면 16의 [ ]를 구해야 합니다.

   16의 [ ]는 [ ], [ ], [ ], [ ], [ ]이므로 구슬을 친구들에게 나누어 주는 방법은 [ ]개, [ ]개, [ ]개, [ ]개, [ ]개로 모두 [ ]가지입니다.

   답 _____

2. 딸기 12개를 접시에 남김없이 똑같이 나누어 담으려고 합니다. 딸기를 접시에 나누어 담는 방법은 모두 몇 가지일까요?

   생각하며 푼다!

   남김없이 _____ 12의 [ ]를 구해야 합니다.

   12의 [ ]는 [ ], [ ], [ ], [ ], [ ], [ ]이므로 _____

   _____

   _____ .

   답 _____

3. 연필 25자루를 필통에 남김없이 똑같이 나누어 담으려고 합니다. 연필을 필통에 나누어 담는 방법은 모두 몇 가지일까요?

   생각하며 푼다!

   답 _____

07. 배수 문장제

어떤 수를 1배, 2배, 3배······ 한 수

1. 3의 배수를 가장 작은 수부터 5개 구하세요.

생각하며 푼다!

▲를 ●배 한 수는 ▲×●로 구해요.

3의 배수를 곱셈을 이용하여 구하면

$3 \times 1 = 3$, $3 \times 2 =$ ☐, $3 \times 3 =$ ☐, $3 \times 4 =$ ☐, $3 \times 5 =$ ☐ ······입니다.

어떤 수의 배수는 무수히 많아요.

따라서 3의 배수를 가장 작은 수부터 5개 쓰면

3, ☐, ☐, ☐, ☐ 입니다.

어떤 수의 배수 중 가장 작은 수: 자기 자신

답 _3, _____

2. 7의 배수를 가장 작은 수부터 5개 구하세요.

생각하며 푼다!

7에 1배 한 수부터 5배한 수까지 구하는 식을 써요.

7의 배수는 ___$7 \times 1 = 7$___ , _____ , _____ , _____ ,

_____ ······입니다.

따라서 7의 배수를 가장 작은 수부터 5개 쓰면 _____ 입니다.

답 _____

어떤 수 × 1 = 어떤 수

어떤 수의 1배는 어떤 수 즉, 모든 수의 배수는 자기 자신을 포함해요!

3. 12의 배수를 가장 작은 수부터 5개 구하세요.

생각하며 푼다!

답 _____

1. <u>20보다 크고 40보다 작은 수 중에서 6의 배수는 모두 몇 개일까요?</u>

6의 배수는 $6 \times 1 = \boxed{}$, $6 \times 2 = \boxed{}$, $6 \times 3 = \boxed{}$, $6 \times 4 = \boxed{}$, $6 \times 5 = \boxed{}$,

$6 \times 6 = \boxed{}$, $6 \times 7 = \boxed{}$ ……입니다.

이렇게 풀면 어떤 수를 1배 한 수부터 구하지 않아도 돼요.
$20 \div 6 = 3 \cdots 2$, $40 \div 6 = 6 \cdots 4$이므로 6×4, 6×5, 6×6이 주어진 범위 안의 수가 돼요.

따라서 20보다 크고 40보다 작은 수 중에서 6의 배수는

$\boxed{}$, $\boxed{}$, $\boxed{}$으로 모두 $\boxed{}$개입니다.

답 _____

2. 30보다 크고 60보다 작은 수 중에서 11의 배수는 모두 몇 개일까요?

답 _____

3. 두 자리 수 중에서 15의 배수는 모두 몇 개일까요?

15의 배수는 $15 \times 1 = \boxed{}$, $15 \times 2 = \boxed{}$, $15 \times 3 = \boxed{}$, $15 \times 4 = \boxed{}$,

$15 \times 5 = \boxed{}$, $15 \times 6 = \boxed{}$, $15 \times 7 = \boxed{}$ ……입니다.

두 자리 수만 써요.

따라서 두 자리 수 중에서 15의 배수는_____으로

모두 $\boxed{}$개입니다.

답 _____

4. 두 자리 수 중에서 18의 배수는 모두 몇 개일까요?

답 _____

1. 지원이는 3월 한 달 동안 ⑩의 배수인 날마다 도시락 배달 봉사 활동을 하기로 했습니다. 지원이가 <u>3월 한 달 동안 봉사활동을 하는 날은 모두 며칠일까요?</u>

문제에서 숫자는 ◯,
조건 또는 구하는 것은 ___로
표시해 보세요.

> **생각하며 푼다!**
> 10의 배수를 가장 작은 수부터 차례로 쓰면
> 10×1   10×2   10×3   10×4
> ☐, ☐, ☐, ☐ ……입니다.
> 따라서 3월은 31일까지 있으므로 3월 한 달 동안 봉사활동을 하는
> 날은 ☐일, ☐일, ☐일로 모두 ☐일입니다.
>
> 답 _____

각 달의 날수는 다음과 같이
기억하면 쉬워요.
둘째 손가락부터 시작하여
위로 솟은 것은 큰 달(31일),
안으로 들어간 것은 작은 달
(30일 또는 28일)이 돼요.

2. 현수는 4월 한 달 동안 6의 배수인 날마다 운동을 하기로 했습니다. 현수가 4월 한 달 동안 운동을 하는 날은 모두 며칠일까요?

> **생각하며 푼다!**
> 6의 ☐ 를 가장 작은 수부터 차례로 쓰면
> 6×1   6×2   6×3   6×4   6×5   6×6
> ☐, ☐, ☐, ☐, ☐, ☐ ……입니다.
> 따라서 4월은 30일까지 있으므로 4월 한 달 동안 운동을 하는 날은
> _____ .
>
> 답 _____

3. 윤서는 5월 한 달 동안 4의 배수인 날마다 방청소를 하기로 했습니다. 윤서가 5월 한 달 동안 방청소를 하는 날은 모두 며칠일까요?

> **생각하며 푼다!**
>
>
>
>
>
>
> 답 _____

1. 정류장에서 마을 버스가 오전 6시부터 8분 간격으로 출발합니다.
   오전 6시 30분까지 마을 버스는 몇 번 출발할까요?

   생각하며 푼다!

   오전 6시에 마을 버스가 출발하였고 8분 간격으로 출발하므로

   □의 배수를 더한 수가 출발 시각이 됩니다.

   따라서 오전 6시 30분까지 출발 시각은 오전 6시, 6시 □분,
   ⁸ˣ¹

   6시 □분, 6시 □분으로 마을 버스는 □번 출발합니다.
   ⁸ˣ²   ⁸ˣ³

   답 _____

문제에서 숫자는 ◯,
조건 또는 구하는 것은 ___로
표시해 보세요.

   • 두 번째 출발 시각
     → 8 × 1분을 더해요.
   • 세 번째 출발 시각
     → 8 × [2]분을 더해요.

2. 터미널에서 버스가 오전 9시 5분부터 10분 간격으로 출발합니다.
   오전 10시까지 버스는 몇 번 출발할까요?

   생각하며 푼다!

   오전 9시 5분에 버스가 출발하였고 10분 간격으로 출발하므로

   5에 □의 배수를 더한 수가 출발 시각이 됩니다.

   따라서 오전 10시까지 출발 시각은 오전 9시 5분, _____

   _____ 으로

   버스는 _____.

   답 _____

10분 간격이므로 10의
배수인 간격을 구해요.

3. 동물원에서 셔틀 버스가 오전 10시부터 20분 간격으로 출발합니
   다. 오전 11시까지 셔틀 버스는 몇 번 출발할까요?

   생각하며 푼다!

   답 _____

앗! 실수
출발한 횟수를 구할 때
버스가 처음 출발한
시각을 빠뜨리고 세지
않도록 주의해요!

08. 공약수와 최대공약수 문장제

1. 4와 6의 공약수를 모두 구하세요.
〔두 수의 공통된 약수〕

생각하며 푼다!

4의 약수는 $\boxed{1}$, $\boxed{}$, $\boxed{}$이고, 6의 약수는 $\boxed{1}$, $\boxed{}$, $\boxed{}$, $\boxed{}$이므로
〔모든 수의 약수〕

4와 6의 공약수는 $\boxed{}$, $\boxed{}$입니다.

답 _____

2. 6의 약수도 되고 9의 약수도 되는 수를 모두 구하세요.
〔공약수〕

생각하며 푼다!

6과 9의 $\boxed{}$를 구합니다.

6의 약수는 1, _____이고, 9의 약수는 1, _____이므로

6과 9의 공약수는 _____입니다.

답 _____

3. 16과 24를 모두 나누어떨어지게 하는 수를 모두 구하세요.
〔공〕 〔약수〕

생각하며 푼다!

16과 24를 모두 나누어떨어지게 하는 수는 16과 24의 $\boxed{}$를 구합니다.

16의 약수는 _____이고, 24의 약수는 _____

이므로 16과 24의 공약수는 _____입니다.

답 _____

4. 10과 20을 어떤 수로 나누면 두 수 모두 나누어떨어집니다. 어떤 수를 모두 구하세요.

생각하며 푼다!

답 _____

1. 8과 12의 최대공약수를 구하세요.

공약수 중에서 가장 큰 수

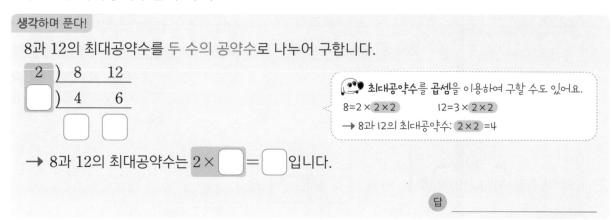

생각하며 푼다!

8과 12의 최대공약수를 두 수의 공약수로 나누어 구합니다.

$2 \,) \quad 8 \quad 12$

$\quad\;\;) \quad 4 \quad 6$

최대공약수를 곱셈을 이용하여 구할 수도 있어요.

8=2 × 2×2   12=3 × 2×2

→ 8과 12의 최대공약수: 2×2 =4

→ 8과 12의 최대공약수는 2 × ☐ = ☐ 입니다.

답 _____

2. 27과 36의 공약수 중에서 가장 큰 수를 구하세요.

최대공약수

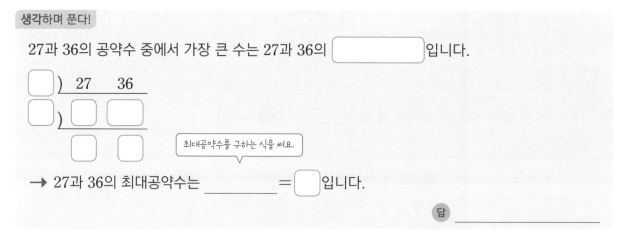

생각하며 푼다!

27과 36의 공약수 중에서 가장 큰 수는 27과 36의 [   ] 입니다.

$\quad\;\;) \quad 27 \quad 36$

$\quad\;\;)$

최대공약수를 구하는 식을 써요.

→ 27과 36의 최대공약수는 _____ = ☐ 입니다.

답 _____

3. 18과 30을 어떤 수로 나누면 두 수 모두 나누어떨어집니다. 어떤 수 중에서 가장 큰 수를 구하세요.

공약수   최대

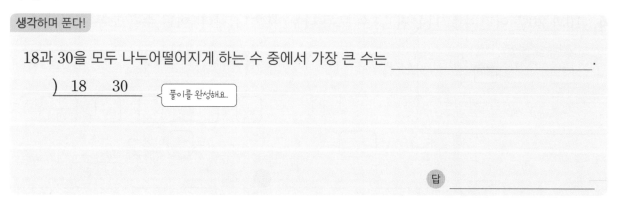

생각하며 푼다!

18과 30을 모두 나누어떨어지게 하는 수 중에서 가장 큰 수는 _____ .

$\quad\;\;) \quad 18 \quad 30$

풀이를 완성해요.

답 _____

1. 10과 30의 <u>최대공약수</u>의 <u>약수</u>를 모두 구하세요.
　　　　　　　❶　　　❷
<small>공약수</small>

생각하며 푼다!

$$
\begin{array}{r|rr}
2 & 10 & 30 \\
5 & 5 & 15 \\
\hline
& 1 & 3
\end{array}
$$

10과 30의 <u>최대공약수</u>를 구한 다음 최대공약수의 □를 구합니다.
　　　　　❶　　　　　　　　　　　　❷

→ 10과 30의 최대공약수는 $2 \times 5 =$ □ 입니다.　←❶

따라서 10과 30의 최대공약수 □ 의 약수를 구하면 ＿＿＿＿＿＿＿＿ 입니다.　←❷

답 ＿＿＿＿＿＿＿＿＿＿

다른 방법으로도 생각하며 푼다!

두 수의 최대공약수의 약수는 두 수의 공약수와 같습니다.

→ 10과 30의 □ 를 구합니다.

> 외워 두면 편리해요~
> (두 수의 최대공약수의 약수)
> =(두 수의 공약수)

10의 약수는 ＿＿＿＿＿＿＿ 이고, 30의 약수는 ＿＿＿＿＿＿＿＿＿＿＿ 입니다.

따라서 10과 30의 공약수를 구하면 ＿＿＿＿＿＿ 입니다.

답 ＿＿＿＿＿＿＿＿＿＿

2. 12와 18의 최대공약수의 약수를 모두 구하세요.

> 1번 풀이를 보면서 두 가지
> 방법으로 모두 풀어 보세요.

생각하며 푼다!

$$
\begin{array}{r|rr}
2 & 12 & 18
\end{array}
$$

답 ＿＿＿＿＿＿＿＿＿＿

다른 방법으로도 생각하며 푼다!

12의 약수는

답 ＿＿＿＿＿＿＿＿＿＿

1. 어떤 두 수의 최대공약수는 9입니다. 이 두 수의 공약수를 모두 구하세요.

최대공약수의 약수

생각하며 푼다!

(두 수의 공약수)=(두 수의 최대공약수의 약수)

한 번 더 외워 볼까요?
(두 수의 공약수)
=(두 수의 최대공약수의 약수)

두 수의 공약수는 두 수의 [   ]의 약수와 같습니다.

두 수의 [   ]가 9이므로 [ ]의 약수를 구합니다.

따라서 두 수의 공약수는 [ ]의 약수인 _____입니다.

답 _____

2. 어떤 두 수의 최대공약수는 16입니다. 이 두 수의 공약수를 모두 구하세요.

생각하며 푼다!

두 수의 [   ]는 두 수의 최대공약수의 [   ]와 같습니다.

두 수의 최대공약수가 [ ]이므로 [ ]의 약수를 구합니다.

따라서 두 수의 공약수는 [ ]의 약수인 _____입니다.

답 _____

3. 어떤 두 수의 최대공약수는 20입니다. 이 두 수의 공약수를 모두 구하세요.

생각하며 푼다!

답 _____

1. 6과 9의 공배수를 가장 작은 수부터 3개 쓰세요.
→ 공통된 배수

생각하며 푼다!

→ 가장 작은 배수: 자기 자신

6의 배수는 6 , ☐ , ☐ ☐ , ☐ , ☐ ☐ , ☐ , ☐ ☐ ……이고,

9의 배수는 9 , ☐ ☐ , ☐ ☐ , ☐ ☐ ……입니다.

따라서 6과 9의 공배수를 가장 작은 수부터 3개 쓰면 ☐ , ☐ , ☐ 입니다.

답 _____

2. 4의 배수도 되고 5의 배수도 되는 수를 가장 작은 수부터 2개 쓰세요.
→ 공배수 ←

생각하며 푼다!

4의 배수도 되고 5의 배수도 되는 수는 4와 5의 ☐ 입니다.

공배수에 ○표 해 봐요.

4의 배수는 4, _____ , 48……이고,

5의 배수는 5, _____ , 50……입니다.

따라서 4와 5의 공배수를 가장 작은 수부터 2개 쓰면 _____ 입니다.

답 _____

배수가 무수히 많은 것처럼 공배수도 무수히 많아요. 그래서 3개만 구하는 거예요.

3. 2의 배수도 되고 3의 배수도 되는 수를 가장 작은 수부터 3개 쓰세요.

생각하며 푼다!

답 _____

1. 4와 6의 최소공배수를 구하세요. ↗ 공배수 중에서 가장 작은 수

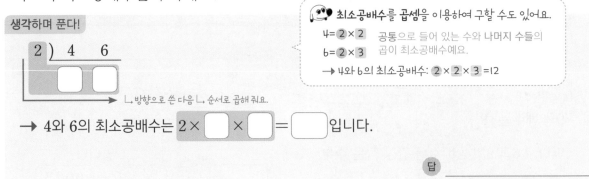

생각하며 푼다!

2) 4 6
   □ □

└ 방향으로 쓴 다음 └ 순서로 곱해 줘요.

→ 4와 6의 최소공배수는 2 × □ × □ = □ 입니다.

최소공배수를 **곱셈**을 이용하여 구할 수도 있어요.
4 = ②×2   공통으로 들어 있는 수와 나머지 수들의
6 = ②×3   곱이 최소공배수예요.
→ 4와 6의 최소공배수: ② × 2 × 3 = 12

답 _____

2. 12와 18의 공배수 중에서 가장 작은 수를 구하세요. ↗ 최소공배수

생각하며 푼다!

12와 18의 공배수 중에서 가장 작은 수는 12와 18의 [   ] 입니다.

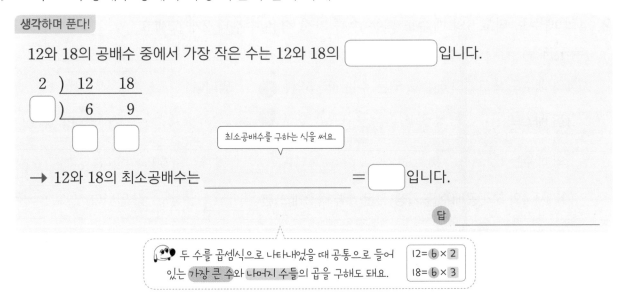

2) 12 18
□) 6   9
    □   □

최소공배수를 구하는 식을 써요.

→ 12와 18의 최소공배수는 _____ = □ 입니다.

답 _____

두 수를 곱셈식으로 나타내었을 때 공통으로 들어
있는 **가장 큰 수**와 **나머지 수들**의 곱을 구해도 돼요.
12 = ⑥ × 2
18 = ⑥ × 3

3. 8의 배수도 되고 20의 배수도 되는 수 중에서 가장 작은 수를 구하세요. ↗ 공배수 ↗ 최소

생각하며 푼다!

두 수의 배수 중에서 가장 작은 수는 8과 20의 _____.

) 8   20   풀이를 완성해요.

답 _____

1. 1부터 50까지의 수 중에서 6의 배수이면서 8의 배수인 수는 모두 몇 개인지 구하세요.

공배수

생각하며 푼다!

두 수의 공배수는 두 수의 최소공배수의 배수와 같습니다.

두 수의 [　　　]를 구한 다음 최소공배수의 [　]를 구합니다.
　　　　　❶　　　　　　　　　　　　　❷

> 외워 두면 편리해요~
> (두 수의 공배수)
> =(두 수의 최소공배수의 배수)

$$2\,)\,\underline{6\quad 8}$$
$$3\quad 4 \quad \rightarrow \text{6과 8의 최소공배수}: 2 \times 3 \times 4 = [\quad] \qquad \leftarrow ❶$$

최소공배수 [　]의 배수는 $\underset{24\times1}{[\quad]}$, $\underset{24\times2}{[\quad]}$, $\underset{24\times3}{[\quad]}$ ……입니다.　　←❷

따라서 1부터 50까지의 수 중에서 6의 배수이면서 8의 배수인 수는 [　], [　]로 모두

[　]개입니다.

답 _____

2. 20부터 40까지의 수 중에서 2와 3의 공배수는 모두 몇 개인지 구하세요.

두 수의 공통인 배수

생각하며 푼다!

2와 3의 최소공배수는 [　]이므로 최소공배수 [　]의 배수는

_____ ……입니다. < 40보다 큰 수가 나오면 멈춰요.

따라서 20부터 40까지의 수 중에서 2와 3의 공배수는

_____ .

> 20부터 40까지의 수 범위인지 확인해요.

답 _____

3. 50부터 100까지의 수 중에서 4와 5의 공배수는 모두 몇 개인지 구하세요.

생각하며 푼다!

답 _____

1. 어떤 두 수의 최소공배수가 25일 때 두 수의 공배수 중에서 가장 큰 두 자리 수를 구하세요.

생각하며 푼다!

한 번 더 외워 볼까요?
(두 수의 공배수)
=(두 수의 최소공배수의 배수)

(두 수의 공배수)＝(두 수의 최소공배수의 배수)

두 수의 공배수는 두 수의 [ ]인 25의 배수와 같습니다.

따라서 어떤 두 수의 최소공배수인 25의 배수는 $\underset{25\times1}{[\quad]}$, $\underset{25\times2}{[\quad]}$, $\underset{25\times3}{[\quad]}$, $\underset{25\times4}{[\quad]}$ ……이고,

이 중에서 가장 큰 두 자리 수는 [ ]입니다.

답 _____

가장 큰 두 자리 수란 100보다 작은 수 중 가장 큰 수를 말하는 거예요.

2. 어떤 두 수의 최소공배수가 30일 때 두 수의 공배수 중에서 가장 큰 두 자리 수를 구하세요.

생각하며 푼다!

두 수의 공배수는 두 수의 최소공배수인 30의 [ ]와 같습니다.

따라서 어떤 두 수의 최소공배수인 [ ]의 배수는 $\underset{30\times1}{[\quad]}$, $\underset{30\times2}{[\quad]}$, $\underset{30\times3}{[\quad]}$, $\underset{30\times4}{[\quad]}$ ……이고,

이 중에서 가장 큰 두 자리 수는 [ ]입니다.

답 _____

3. 어떤 두 수의 최소공배수가 27일 때 두 수의 공배수 중에서 가장 큰 두 자리 수를 구하세요.

생각하며 푼다!

답 _____

10. 최대공약수 활용 문장제

1. 연필 ㉚자루와 공책 ㉔권을 최대한 많은 친구에게 남김없이 똑같이 나누어 주려고 합니다. 최대 몇 명의 친구에게 나누어 줄 수 있나요?

문제에서 숫자는 ◯, 조건 또는 구하는 것은 ___로 표시해 보세요.

생각하며 푼다!

- 남김없이 똑같이 나누어 → [   ]를 구합니다.

- 최대한 많은 친구에게 → [   ]를 구합니다.

최대공약수를 구하는 문제의 핵심 문장을 기억해 두어야 막힘없이 풀 수 있을 거예요~

최대한 많은 친구에게 남김없이 똑같이 나누어 주려면 30과 24의 [   ]를 구해야 합니다.

```
2 ) 30   24
  ) 15   12
   [ ] [ ]  → 30과 24의 최대공약수: 2 × [ ] = [ ]
```

따라서 30과 24의 최대공약수는 [ ]이므로 최대 [ ]명의 친구에게 나누어 줄 수 있습니다.

답 _____

2. 색종이 20묶음과 색도화지 50장을 최대한 많은 모둠에게 남김없이 똑같이 나누어 주려고 합니다. 최대 몇 개 모둠까지 나누어 줄 수 있나요?

생각하며 푼다!

최대한 많은 모둠에게 남김없이 똑같이 나누어 주려면 20과 50의 [   ]를 구해야 합니다.

```
  ) 20   50   < 풀이를 완성해요.
```

답 _____

1. 장미 12송이와 국화 16송이를 최대한 많은 꽃병에 남김없이 똑같이 나누어 꽂으려고 합니다. 꽃병 한 개에 장미와 국화를 각각 몇 송이씩 꽂을 수 있는지 구하세요.

생각하며 푼다!

$$2 \;)\; \overline{12 \quad 16}$$
$$\square \;)\; \overline{\square \quad \square}$$
$$\qquad \square \quad \square$$

따라서 12와 16의 최대공약수는 $\square \times \square = \square$ 이므로 장미와 국화를 $\square$ 개의 꽃병에 나누어 꽂을 수 있습니다.

(꽃병 한 개에 담을 수 있는 장미 수) = 12 ÷ $\square$ = $\square$ (송이)

(꽃병 한 개에 담을 수 있는 국화 수) = 16 ÷ $\square$ = $\square$ (송이)

답 장미: _____ , 국화: _____

문제에서 숫자는 ○,
조건 또는 구하는 것은 ___로
표시해 보세요.

최대한 **많은** 꽃병에 남김없이 똑같이 나누어 꽂으려면 12와 16의 [최대공약수]를 구해요.

2. 초콜릿 28개와 젤리 35개를 최대한 많은 친구에게 남김없이 똑같이 나누어 주려고 합니다. 친구 한 명이 초콜릿과 젤리를 각각 몇 개씩 받을 수 있는지 구하세요.

생각하며 푼다!

$$\square \;)\; \overline{28 \quad 35}$$
$$\qquad \square \quad \square$$

따라서 28과 35의 최대공약수는 $\square$ 이므로 초콜릿과 젤리를 $\square$ 명의 친구에게 나누어 줄 수 있습니다.

(친구 한 명이 받을 수 있는 초콜릿 수) = _____ = $\square$ (개)

(친구 한 명이 받을 수 있는 $\square$ 수) = _____ = $\square$ (개)

답 초콜릿: _____ , 젤리: _____

최대한 많은 친구에게 남김없이 똑같이 나누어 주려면 28과 35의 최대공약수를 구해요.

1. 야구공 21개와 배구공 15개를 최대한 많은 바구니에 남김없이 똑같이 나누어 담으려고 합니다. 바구니 한 개에 야구공과 배구공을 각각 몇 개씩 담을 수 있는지 구하세요.

생각하며 푼다!

☐) 21   15
     ☐   ☐

따라서 21과 15의 최대공약수는 ☐ 이므로 야구공과 배구공을 ☐ 개의 바구니에 나누어 담을 수 있습니다.

(바구니 한 개에 담을 수 있는 야구공 수)= _____ = ☐ (개)

(_____)= _____ = ☐ (개)

답 야구공: _____ , 배구공: _____

2. 사과 35개와 귤 40개를 최대한 많은 봉지에 남김없이 똑같이 나누어 담으려고 합니다. 봉지 한 개에 사과와 귤을 각각 몇 개씩 담을 수 있는지 구하세요.

생각하며 푼다!

답 사과: _____ , 귤: _____

1. 가로 ⑥ cm, 세로 ⑨ cm인 직사각형 모양의 색종이를 겹치지 않게 늘어놓아 될 수 있는 대로 작은 정사각형 모양을 만들었습니다. 만든 정사각형의 한 변의 길이는 몇 cm일까요?

생각하며 푼다!

- 겹치지 않게 늘어놓아 → [ ]를 구합니다.
- 될 수 있는 대로 작은 → [ ]를 구합니다.

만든 정사각형의 한 변의 길이를 구하려면

6과 9의 [ ]를 구해야 합니다.

3) 6   9
    [ ] [ ]

→ 6과 9의 [ ] : 3 × ☐ × ☐ = ☐

따라서 만든 정사각형의 한 변의 길이는 ☐ cm입니다.

답 _____

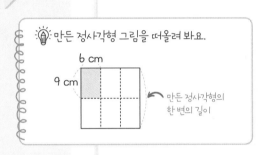

만든 정사각형 그림을 떠올려 봐요.

만든 정사각형의 한 변의 길이

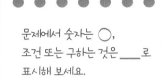

그림을 그려 보면 이해하기 쉬워요.

2. 가로가 10 cm, 세로가 8 cm인 직사각형 모양의 타일을 겹치지 않게 이어 붙여 가장 작은 정사각형을 만들었습니다. 만든 정사각형의 한 변의 길이는 몇 cm일까요?

생각하며 푼다!

만든 정사각형 그림을 직접 그려 봐요.

답 _____

1. 선우네 집에서는 2일에 한 번씩 집안 청소를 하고, 7일에 한 번씩 마당 청소를 한다고 합니다. 오늘 두 가지 일을 동시에 하였다면 다음번에 두 가지 일을 동시에 하는 때는 며칠 뒤일까요?

최소   공배수

생각하며 푼다!

2의 배수, 7의 배수를 나열하면 이해하기 쉬워요.

2와 7의 최소공배수 ↓

• 2일에 한 번씩

1 **2** 3 **4** 5 **6** 7 **8** 9 **10** 11 **12** 13 **14** 15

• 7일에 한 번씩   다음 번에 동시에 청소하는 날!

1 2 3 4 5 6 **7** 8 9 10 11 12 13 **14** 15

다음번에 두 가지 일을 동시에 하는 때를 구하려면

2와 7의 [   ]를 구해야 합니다.

2와 7의 [   ]는 [   ]×[   ]=[   ]이므로 다음번에 두

가지 일을 동시에 하는 때는 [   ]일 뒤입니다.

답 _____

2. 시력 검사를 주영이는 6개월마다 한 번씩, 민석이는 5개월마다 한 번씩 합니다. 이번 달에 두 사람이 시력 검사를 동시에 하였다면 다음번에 두 사람이 동시에 하는 때는 몇 개월 뒤일까요?

생각하며 푼다!

중요한 표현을 써 봐요.

• [   ] → 공배수를 구합니다.

• [   ] → 최소공배수를 구합니다.

답 _____

★1. 고속버스 터미널에서 광주행은 20분마다, 대전행은 15분마다 출발합니다. 오전 8시 30분에 광주행과 대전행이 동시에 출발하였습니다. 다음번에 두 버스가 동시에 출발하는 시각은 오전 몇 시 몇 분일까요?

문제에서 숫자는 ○,
조건 또는 구하는 것은 ___로
표시해 보세요.

생각하며 푼다!

다음번에 두 버스가 동시에 출발하는 시각을 구하려면
20과 15의 [   ]를 구해야 합니다.

$$5 \underline{)\ 20 \quad 15}$$
[   ]   [   ]

→ 20과 15의 [   ] : 5 × [   ] × [   ] = [   ]

광주행 버스와 대전행 버스는 [   ]분마다 동시에 출발합니다.
따라서 다음번에 두 버스가 동시에 출발하는 시각은
오전 8시 30분＋[   ]분＝오전 9시 [   ]분입니다.

답 _____

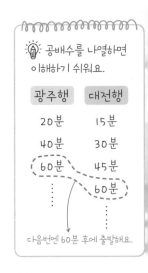

공배수를 나열하면
이해하기 쉬워요.

광주행	대전행
20분	15분
40분	30분
60분	45분
⋮	60분
	⋮

다음번엔 60분 후에 출발해요.

★2. 서현이는 2일마다, 경민이는 3일마다 수영장에 다닙니다. 두 사람이 3월 1일에 수영장에 동시에 갔습니다. 다음번에 수영장에서 만나는 날은 몇 월 며칠일까요?

생각하며 푼다!

답 _____

3월 1일에
2와 3의 최소공배수를
더하면 돼요.

1. 유미와 현수는 운동장을 일정한 빠르기로 걷고 있습니다. 유미는 3분마다, 현수는 4분마다 운동장을 한 바퀴 돕니다. 두 사람이 출발점에서 같은 방향으로 동시에 출발할 때, 출발 후 30분 동안 출발점에서 몇 번 다시 만나는지 구하세요.

생각하며 푼다!

같은 방향으로 동시에 출발할 때 몇 번 만나는지 구하려면 [   ]의 배수를 구해야 합니다.

3과 4의 최소공배수는 [   ]이므로 유미와 현수는 [   ]분마다 한 번씩 만나게 됩니다.

따라서 유미와 현수가 출발 후 만나는 시각은 [   ]분 후, [   ]분 후, [   ]분 후……이므로 30분 동안 출발점에서 [   ]번 다시 만납니다.

답 _____

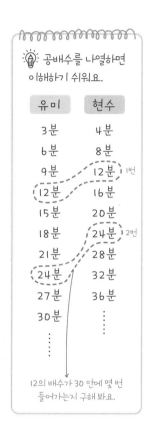

공배수를 나열하면 이해하기 쉬워요.

유미	현수
3분	4분
6분	8분
9분	12분 |1번
12분	16분
15분	20분
18분	24분 |2번
21분	28분
24분	32분
27분	36분
30분	┊
┊	

12의 배수가 30 안에 몇 번 들어가는지 구해 봐요.

2. 아버지와 어머니는 공원을 일정한 빠르기로 걷고 있습니다. 아버지는 4분마다, 어머니는 5분마다 운동장을 한 바퀴 돕니다. 두 사람이 출발점에서 같은 방향으로 동시에 출발할 때, 출발 후 60분 동안 출발점에서 몇 번 다시 만나는지 구하세요.

생각하며 푼다!

답 _____

단원평가
이렇게 나와요!

2. 약수와 배수

점수 /100

한 문항당 10점

1. 비누 25개를 상자에 남는 것 없이 똑같이 나누어 담으려고 합니다. 똑같이 나누어 담을 수 있는 상자 수를 모두 구하세요.

( )

2. 두 자리 수 중에서 19의 배수는 모두 몇 개일까요?

( )

3. 민지는 5월 한 달 동안 7의 배수인 날마다 운동을 하기로 했습니다. 민지가 5월 한 달 동안 운동을 하는 날은 모두 며칠일까요?

( )

4. 24와 56을 어떤 수로 나누면 두 수 모두 나누어떨어집니다. 어떤 수 중에서 가장 큰 수를 구해 보세요.

( )

5. 50부터 100까지의 수 중에서 5와 6의 공배수는 모두 몇 개인지 구해 보세요.

( )

6. 사탕 32개와 과자 12개를 최대한 많은 친구에게 남김없이 똑같이 나누어 주려고 합니다. 친구 한 명이 사탕과 과자를 각각 몇 개씩 받을 수 있는지 구하세요. (20점)

사탕 ( )
과자 ( )

7. 가로가 18 cm, 세로가 45 cm인 직사각형 모양의 타일을 겹치지 않게 이어 붙여 가장 작은 정사각형을 만들었습니다. 만든 정사각형의 한 변의 길이는 몇 cm일까요?

( )

8. 시력 검사를 주영이는 4개월마다 한 번씩, 민석이는 6개월마다 한 번씩 합니다. 이번 달에 두 사람이 시력 검사를 동시에 했다면 다음번에 두 사람이 동시에 하는 때는 몇 개월 뒤일까요? (20점)

( )

셋째 마당

나 혼자 풀이 과정을 완성하는

규칙과 대응

셋째 마당에서는 **규칙과 대응을 활용한 문장제**를 배웁니다.

여러분 주변에서 대응 관계를 찾아 말로 표현해 보세요.

규칙을 찾을 때에는 그림을 그려 보거나 두 양 사이의 대응 관계를

표로 나타내면 더 쉽게 알 수 있어요.

직접 그림과 표를 그려 보면서 두 양 사이의
대응 관계 규칙을 찾아보세요!

⭐ 두 양 사이의 대응 관계를 알아보려고 합니다. ☐ 안에 알맞은 수나 말을 써넣으세요. [1-3]
↳ 어떤 두 대상이 주어진 어떤 그 관계에 의하여 서로 짝을 이루는 일

1.

> 🐶 먼저 대응 관계인 두 양을 찾는 것이 중요해요.
> 자전거 수   바퀴 수

➜ 자전거 바퀴의 수는 자전거의 수의 ☐ 배입니다.

➜ 자전거 바퀴의 수를 2로 나누면 [자전거의 수]와 같습니다.

➜ 자전거가 5대일 때 자전거 바퀴의 수는 2 × ☐ = ☐ (개)입니다.

2.

➜ 직사각형의 수는 삼각형의 수의 ☐ 배입니다.

➜ 직사각형의 수를 ☐ 으로 나누면 [   ]와 같습니다.

➜ 삼각형이 7개일 때 직사각형의 수는 _____ = ☐ (개)입니다.
  식을 써요.

3.

➜ 자동차 바퀴의 수는 자동차의 수의 _____ .

➜ 자동차 바퀴의 수를 ☐ 로 나누면 _____ .

➜ 자동차가 3대일 때 자동차 바퀴의 수는 _____ .

1. 그림과 같이 누름 못을 사용하여 게시판에 도화지를 붙이려고 합니다. 도화지를 ⑤장 붙이려면 누름 못은 몇 개 필요할까요?

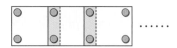

 생각하며 푼다!

도화지를 1장 붙이는 데 누름 못이 4 개 필요하고 도화지를 1장씩 붙일 때마다 누름 못이 ☐ 개 더 필요합니다.

도화지 수(장)	1	2	3	4	……
누름 못 수(개)	4	6	☐	☐	……

+2   +☐   +☐

┌ 4장 붙이는 데 필요한 누름 못 수
따라서 도화지를 5장 붙이려면 누름 못은 10+☐=☐(개) 필요합니다.

답 _____

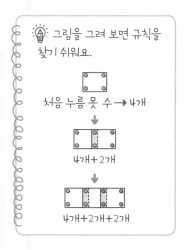

두 양 사이의 대응 관계를 표로 나타내면 규칙이 한눈에 보여요.

2. 그림과 같이 자석을 사용하여 게시판에 사진을 붙이려고 합니다. 사진을 6장 붙이려면 자석은 몇 개 필요할까요?

 생각하며 푼다!

사진을 1장 붙이는 데 자석이 ☐ 개 필요하고 사진을 1장씩 붙일 때마다 자석이 ☐ 개 더 필요합니다.

사진 수(장)	1	2	3	4	5	……
자석 수(개)	3	☐	☐	☐	☐	……

+☐   +☐   +☐   +☐

┌ 5장 붙이는 데 필요한 자석 수
따라서 사진을 6장 붙이려면 자석은 11+☐=☐개 필요합니다.

답 _____

 그림을 그려 봐도 좋아요.

13. 대응 관계를 찾아 식으로 나타내기 문장제

⭐ 두 양 사이의 대응 관계를 식으로 나타내려고 합니다. ☐ 안에 알맞은 수나 말을 써넣으세요.

[1-5]

1.

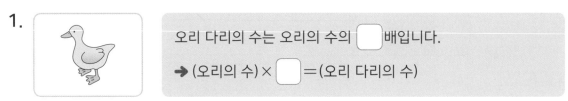

오리 다리의 수는 오리의 수의 ☐ 배입니다.

➡ (오리의 수) × ☐ = (오리 다리의 수)

2.

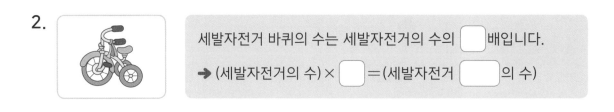

세발자전거 바퀴의 수는 세발자전거의 수의 ☐ 배입니다.

➡ (세발자전거의 수) × ☐ = (세발자전거 ☐ 의 수)

3.

꽃의 수는 꽃병의 수의 ☐ 배입니다.

➡ (☐ 의 수) × ☐ = (꽃 의 수)

4.

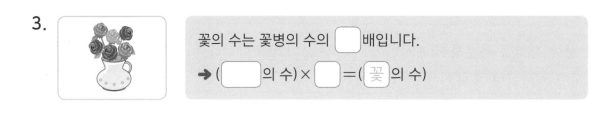

☐ 는 문어의 수의 8 배입니다.

➡ _____ = (문어 다리의 수)

밑줄에는 식을 써요.

5.

☐ 는 달걀판의 수의 10배입니다.

➡ _____ = (달걀의 수)

문제에서 숫자는 ◯,
조건 또는 구하는 것은 ___로
표시해 보세요.

1. 올해 준기의 나이는 14살이고 동생의 나이는 11살입니다. 준기가
25살일 때 동생은 몇 살인지 구하세요.

생각하며 푼다!

동생의 나이는 준기의 나이보다 $\boxed{}$ (14−11) 살 적습니다.

준기의 나이와 동생의 나이 사이의 대응 관계를 식으로 나타내면

($\boxed{}$ 의 나이) − $\boxed{}$ = (동생의 나이)입니다.

따라서 준기가 25살일 때 동생은 25 − $\boxed{}$ (나이의 차) = $\boxed{}$ (살)입니다.

답 _____

💡 간단하게 생각해 봐요.

준기 →(3살 적음)→ 동생

14살 ·········· 11살

25살 ·········· ?살

2. 올해 지영이의 나이는 12살이고 아버지의 나이는 47살입니다.
지영이가 20살일 때 아버지는 몇 살인지 구하세요.

생각하며 푼다!

아버지의 나이는 지영이의 나이보다 $\boxed{}$ (47−12) 살 많습니다.

지영이의 나이와 아버지의 나이 사이의 대응 관계를 식으로 나타내
면 ($\boxed{}$) + 35 = ($\boxed{}$)입니다.

따라서 지영이가 20살일 때 아버지는 $\boxed{}$ (지영) + $\boxed{}$ (나이의 차) = $\boxed{}$ (살)
입니다.

답 _____

💡 간단하게 생각해 봐요.

3. 올해 아버지의 나이는 46살이고 어머니의 나이는 42살입니다.
아버지가 60살일 때 어머니는 몇 살인지 구하세요.

생각하며 푼다!

답 _____

문제에서 숫자는 ◯,
조건 또는 구하는 것은 ___로
표시해 보세요.

1. 그림과 같이 가래떡을 자르고 있습니다. 가래떡이 5도막이 되려
면 몇 번 잘라야 할까요?

1번   2번   ……

생각하며 푼다!

💡 두 양 사이의 대응 관계를 표로 나타내면 규칙이 더 잘 보여요.

자른 횟수(번)	1	2	3	4	5
가래떡 도막 수(도막)	2	3	4	5	6

가래떡을 자른 횟수가 1번이면 가래떡 도막 수는 ☐ 도막입니다.

가래떡을 자른 횟수가 2번이면 가래떡 도막 수는 ☐ 도막입니다.

가래떡 도막 수는 가래떡을 자른 횟수보다 ☐ 크고,

가래떡을 자른 횟수는 가래떡 도막 수보다 ☐ 작습니다.

따라서 가래떡이 5도막이 되려면 5 − ☐ = ☐ (번) 잘라야 합니다.

답 _____

두 양 사이의 대응 관계를
표로 나타내면 규칙이
더 잘 보여요~

2. 그림과 같이 색 테이프를 자르고 있습니다. 색 테이프가 7도막이
되려면 몇 번 잘라야 할까요?

……

생각하며 푼다!

색 테이프 도막 수는 색 테이프를 자른 횟수보다 ☐ 크고,

색 테이프를 자른 횟수 는 색 테이프 ☐ 보다

☐ 작습니다.

따라서 색 테이프가 7도막이 되려면 7 − ☐ = ☐ (번)
잘라야 합니다.

답 _____

💡 자른 횟수와 색 테이프 도막
수 사이의 대응 관계를 표
로 나타내 봐요.

자른 횟수 (번)	색 테이프 도막 수(도막)
1	
2	
3	
4	
5	

1. 아버지가 나무를 한 번 자르는 데 6분이 걸립니다. 나무 1개를 10
   도막이 될 때까지 쉬지 않고 자른다면 몇 분이 걸릴까요?

   생각하며 푼다!

   💡 나무 도막 수와 자른 횟수 사이의 대응 관계를 표로 나타내 봐요.

나무 도막 수(도막)	2	3	4	5	……
자른 횟수(번)	1				……

   나무 도막 수와 자른 횟수 사이의 대응 관계를 식으로 나타내면

   (자른 횟수)=(　　　　　)－1입니다.

   10도막이 되도록 자르려면

   (자른 횟수)=10－□=□(번) 잘라야 합니다.

   따라서 (걸리는 시간)=□×6=□(분)입니다.
   　　　　　　　　자른 횟수　　　한 번 자르는 데 걸리는 시간

   답 _____

   • (자른 횟수)
     =(나무 도막 수)－1
   • (걸리는 시간)
     =(자른 횟수)×
     (한 번 자르는 데
     걸리는 시간)

2. 희준이가 나무를 한 번 자르는 데 10분이 걸립니다. 나무 1개를 8
   도막이 될 때까지 쉬지 않고 자른다면 몇 시간 몇 분이 걸릴까요?

   생각하며 푼다!

   8도막이 되도록 자르려면

   (자른 횟수)=(　　　　　)－1=8－□=□(번)
   잘라야 합니다.

   따라서 (걸리는 시간)=□×10=□(분)이므로

   □분=□시간 □분이 걸립니다.

   답 _____

   💡 두 양 사이의 대응 관계를
   표로 나타내 봐요.

나무 도막 수 (도막)	자른 횟수 (번)
2	
3	
4	
5	
⋮	⋮

1. 길이가 45 cm인 리본을 한 도막의 길이가 5 cm가 되도록 자르려고 합니다. 모두 몇 번 잘라야 할까요?

문제에서 숫자는 ◯,
조건 또는 구하는 것은 ___로
표시해 보세요.

생각하며 푼다!

한 도막의 길이가 5 cm가 되도록 자르려면
(리본 도막 수)=(전체 리본의 길이)÷(한 도막의 길이)
　　　　　　　=45÷☐=☐(도막)으로 잘라야 합니다.
자른 횟수와 리본 도막 수 사이의 대응 관계를 식으로 나타내면
(자른 횟수)+1=(　　　　　　　　)입니다.
따라서 (자른 횟수)=(　　　　　　　　)−1
　　　　　　　　=9−☐=☐(번)
이므로 모두 ☐번 잘라야 합니다.

답　_____

💡두 양 사이의 대응 관계를
표로 나타내면 규칙이 더
잘 보여요.

리본 도막 수 (도막)	자른 횟수 (번)
2	
3	
4	
5	
⋮	⋮

2. 길이가 84 cm인 철사를 한 도막의 길이가 6 cm가 되도록 자르려고 합니다. 모두 몇 번 잘라야 할까요?

생각하며 푼다!

답　_____

1. 그림과 같은 규칙에 따라 성냥개비로 삼각형을 7개 만들려고 합니다. 필요한 성냥개비는 모두 몇 개일까요?

생각하며 푼다!

처음 삼각형
: 성냥개비 ☐개   삼각형이 1개씩 늘어날 때마다
                      성냥개비는 ☐개씩 더 필요해요.

처음 삼각형을 1개 만드는 데 성냥개비가 ☐개 필요하고 삼각형이

1개씩 늘어날 때마다 필요한 성냥개비는 ☐개씩 더 늘어납니다.

(삼각형을 7개 만드는 데 필요한 성냥개비 수)

처음 삼각형   늘어나는
성냥개비 수↴   성냥개비 수↴
= ☐ + ☐ × 6 = ☐ + ☐ = ☐ (개)
              └ 늘어나는 삼각형 수

답 _____

삼각형이 1개씩 늘어날 때마다 성냥개비가 몇 개 더 필요한지 점선을 따라 선을 그어 가며 알아봐요.

2. 그림과 같은 규칙에 따라 성냥개비로 사각형을 6개 만들려고 합니다. 필요한 성냥개비는 모두 몇 개일까요?

생각하며 푼다!

처음 사각형
: 성냥개비 ☐개   사각형이 1개씩 늘어날 때마다
                      성냥개비는 ☐개씩 더 필요해요.

처음 사각형을 1개 만드는 데 성냥개비가 ☐개 필요하고 사각형이

1개씩 늘어날 때마다 필요한 성냥개비는 ☐개씩 더 늘어납니다.

(사각형을 6개 만드는 데 필요한 성냥개비 수)

처음 사각형   늘어나는
성냥개비 수↴   성냥개비 수↴
= ☐ + ☐ × 5 = ☐ + ☐ = ☐ (개)
              └ 늘어나는 사각형 수

답 _____

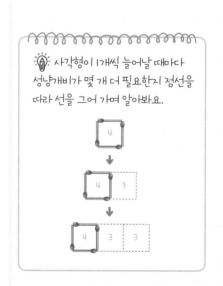

사각형이 1개씩 늘어날 때마다 성냥개비가 몇 개 더 필요한지 점선을 따라 선을 그어 가며 알아봐요.

3. 규칙과 대응

1. 코끼리의 수와 코끼리 다리의 수 사이의 대응 관계를 알아보려고 합니다. ☐ 안에 알맞은 수나 말을 써넣으세요.

(1) 코끼리 다리의 수는 코끼리의 수의 ☐배입니다.

(2) 코끼리 다리의 수를 ☐로 나누면 ☐와 같습니다.

⭐ 두 양 사이의 대응 관계를 식으로 나타내려고 합니다. ☐ 안에 알맞은 수나 말을 써넣으세요. [2-3]

2.

구멍의 수는 단추의 수의 ☐배입니다.

➡ (☐)×☐=(구멍의 수)

3.

조각의 수는 피자의 수의 ☐배입니다.

➡ (☐)×☐

  =(☐)

4. 올해 민서의 나이는 12살이고 형의 나이는 17살입니다. 민서가 30살일 때 형은 몇 살인지 구하세요. (15점)

( )

5. 그림과 같이 리본을 자르고 있습니다. 리본이 10도막이 되려면 몇 번 잘라야 할까요? (15점)

( )

6. 아버지가 나무를 한 번 자르는 데 7분이 걸립니다. 나무 1개를 4도막이 될 때까지 쉬지 않고 자른다면 몇 분이 걸릴까요?

(20점)

( )

7. 길이가 30 cm인 철사를 한 도막의 길이가 6 cm가 되도록 자르려고 합니다. 모두 몇 번 잘라야 할까요? (20점)

( )

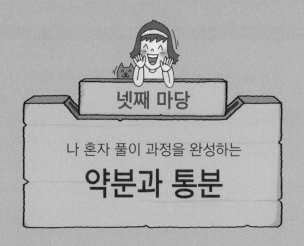

넷째 마당

나 혼자 풀이 과정을 완성하는
약분과 통분

약분과 통분을 이용하면 크기가 같은 분수를 만들 수 있어요.
분모가 다른 분수를 비교할 때는 통분을 하면 비교가 쉬워져요.
약분과 통분에 관련된 생활 속 문장제를 해결해 보세요.

다음 마당에서 배울 분수의 덧셈과 뺄셈의 기초 과정이니까
차근차근 연습해서 정확히 알고 넘어가도록 해요!

14. 크기가 같은 분수 문장제

1. $\frac{1}{3}$의 분모와 분자에 각각 0이 아닌 같은 수를 곱하여 크기가 같은 분수를 분모가 작은 것부터 차례로 3개 구하세요.

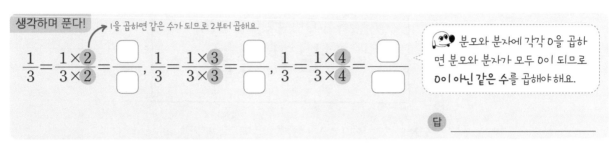

생각하며 푼다!

1을 곱하면 같은 수가 되므로 2부터 곱해요.

$$\frac{1}{3} = \frac{1 \times 2}{3 \times 2} = \frac{\square}{\square}, \quad \frac{1}{3} = \frac{1 \times 3}{3 \times 3} = \frac{\square}{\square}, \quad \frac{1}{3} = \frac{1 \times 4}{3 \times 4} = \frac{\square}{\square}$$

분모와 분자에 각각 0을 곱하면 분모와 분자가 모두 0이 되므로 **0이 아닌 같은 수를 곱해야 해요.**

답 _____

2. $\frac{4}{5}$와 크기가 같은 분수를 분모가 작은 것부터 차례로 3개 구하세요.

분모와 분자에 각각 0이 아닌 같은 수를 곱해요.

생각하며 푼다!

1번과 같은 방법으로 풀이 과정을 써 봐요.

$$\frac{4}{5} = \frac{4 \times 2}{5 \times 2} =$$

답 _____

3. $\frac{20}{32}$의 분모와 분자를 0이 아닌 같은 수로 나누어 만들 수 있는 크기가 같은 분수를 모두 구하세요.

분자와 분모의 공약수로 나누어요.

생각하며 푼다!

분모와 분자가 모두 나누어떨어져야 하므로 분모와 분자의 공약수로 나누어요.

20과 32의 공약수는 1, $\square$, $\square$ 이므로 1을 제외한 공약수로 분모와 분자를 나눕니다.

$$\frac{20}{32} = \frac{20 \div \boxed{2}}{32 \div \square} = \frac{\square}{\square}, \quad \frac{20}{32} = \frac{20 \div \square}{32 \div \square} = \frac{\square}{\square}$$

답 _____

4. $\frac{18}{24}$의 분모와 분자를 0이 아닌 같은 수로 나누어 만들 수 있는 크기가 같은 분수를 모두 구하세요.

생각하며 푼다!

18과 24의 공약수는 _____ 이므로 1을 제외한 공약수로 분모와 분자를 나눕니다.

$$\frac{18}{24} =$$

답 _____

1. 현우는 와플을 똑같이 ②조각으로 나누어 ①조각을 먹었습니다. 민서는 같은 크기의 와플을 똑같이 ④조각으로 나누었습니다. 현우와 같은 양을 먹으려면 민서는 몇 조각을 먹어야 할까요?

문제에서 숫자는 ◯,
조건 또는 구하는 것은 ____로
표시해 보세요.

생각하며 푼다!

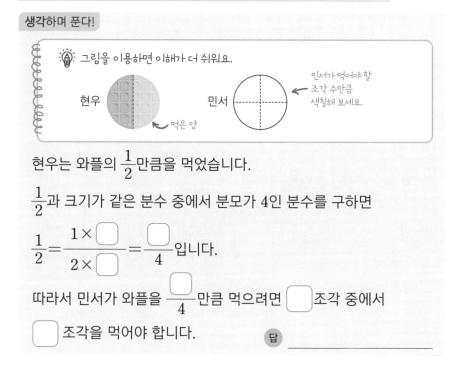

🔆 그림을 이용하면 이해가 더 쉬워요.

현우

민서   ← 민서가 먹어야 할 조각 수만큼 색칠해 보세요.

← 먹은 양

똑같이 ■조각으로
나눈 것 중의 ▲조각을
분수로 나타내면 $\frac{▲}{■}$예요.

현우는 와플의 $\frac{1}{2}$만큼을 먹었습니다.

$\frac{1}{2}$과 크기가 같은 분수 중에서 분모가 4인 분수를 구하면

$\frac{1}{2} = \frac{1 \times \boxed{}}{2 \times \boxed{}} = \frac{\boxed{}}{4}$입니다.

따라서 민서가 와플을 $\frac{\boxed{}}{4}$만큼 먹으려면 $\boxed{}$조각 중에서

$\boxed{}$조각을 먹어야 합니다.

답 _____

2. 준현이는 가래떡을 똑같이 3조각으로 나누어 2조각을 먹었습니다. 경석이는 같은 크기의 가래떡을 똑같이 9조각으로 나누었습니다. 준현이와 같은 양을 먹으려면 경석이는 몇 조각을 먹어야 할까요?

1번 풀이를 보면서
풀이를 완성해요.

생각하며 푼다!

준현이는 가래떡의 $\boxed{}$만큼을 먹었습니다.

$\boxed{}$와 크기가 같은 분수 중에서 분모가 9인 분수를 구하면

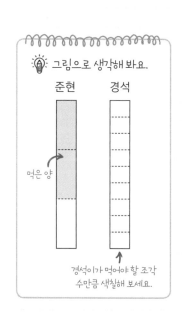

🔆 그림으로 생각해 봐요.

준현   경석

먹은 양 →

↑ 경석이가 먹어야 할 조각
수만큼 색칠해 보세요.

답 _____

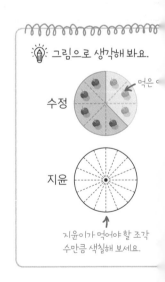

1. 은지는 피자의 $\frac{1}{4}$을 먹었습니다. 혜주는 같은 크기의 피자를 똑같이 8조각으로 나누었습니다. 혜주가 은지와 같은 양을 먹으려면 몇 조각을 먹어야 할까요?

문제에서 숫자는 ◯, 조건 또는 구하는 것은 ___로 표시해 보세요.

생각하며 푼다!

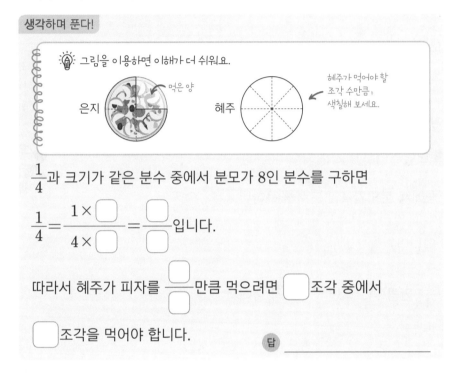

$\frac{1}{4}$과 크기가 같은 분수 중에서 분모가 8인 분수를 구하면

$$\frac{1}{4} = \frac{1 \times \boxed{}}{4 \times \boxed{}} = \frac{\boxed{}}{\boxed{}}$$ 입니다.

따라서 혜주가 피자를 $\frac{\boxed{}}{\boxed{}}$만큼 먹으려면 $\boxed{}$조각 중에서

$\boxed{}$조각을 먹어야 합니다.

답 _____

2. 수정이는 케이크의 $\frac{3}{8}$을 먹었습니다. 지윤이는 같은 크기의 케이크를 똑같이 16조각으로 나누었습니다. 지윤이가 수정이와 같은 양을 먹으려면 몇 조각을 먹어야 할까요?

풀이를 완성해요.

생각하며 푼다!

$\frac{3}{8}$과 크기가 같은 분수 중에서 분모가 16인 분수를 구하면

답 _____

1. $\frac{1}{2}$과 크기가 같은 분수 중에서 분모와 분자의 합이 15인 분수를 구하세요.

생각하며 푼다!

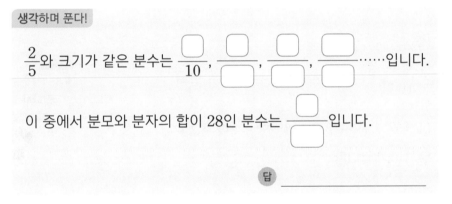

$\frac{1}{2}$과 크기가 같은 분수는 $\frac{1\times2}{2\times2}$, $\frac{1\times3}{2\times3}$, $\frac{1\times4}{2\times4}$, $\frac{1\times5}{2\times5}$ ……입니다. ←①

이 중에서 분모와 분자의 합이 15인 분수는 $\frac{\boxed{}}{\boxed{}}$입니다. ←②

답 _____

해결 순서

❶ 분모와 분자에 각각 0이 아닌 같은 수를 곱하여 크기가 같은 분수 만들기

↓

❷ 만든 분수 중 (분모)+(분자)=15인 분수 찾기

2. $\frac{2}{5}$와 크기가 같은 분수 중에서 분모와 분자의 합이 28인 분수를 구하세요.

생각하며 푼다!

$\frac{2}{5}$와 크기가 같은 분수는 $\frac{\boxed{}}{10}$, $\frac{\boxed{}}{\boxed{}}$, $\frac{\boxed{}}{\boxed{}}$, $\frac{\boxed{}}{\boxed{}}$ ……입니다.

이 중에서 분모와 분자의 합이 28인 분수는 $\frac{\boxed{}}{\boxed{}}$입니다.

답 _____

3. $\frac{4}{7}$와 크기가 같은 분수 중에서 분모와 분자의 합이 55인 분수를 구하세요.

풀이를 완성해요.

생각하며 푼다!

$\frac{4}{7}$와 크기가 같은 분수는

답 _____

1. $\frac{1}{3}$과 크기가 같은 분수 중에서 분모와 분자의 합이 10보다 크고 30보다 작은 분수는 모두 몇 개인지 구하세요.

생각하며 푼다!

$6 \div 2 = 8$ $9 \div 3 = 12$

$\frac{1}{3}$과 크기가 같은 분수는 $\frac{2}{6}$, $\frac{3}{9}$, $\dfrac{\boxed{}}{\boxed{}}$, $\dfrac{\boxed{}}{\boxed{}}$, $\dfrac{\boxed{}}{\boxed{}}$, $\dfrac{\boxed{}}{\boxed{}}$,

$\dfrac{\boxed{}}{\boxed{}}$ ……입니다. 이 중에서 분모와 분자의 합이 10보다 크고 30

보다 작은 분수는 ＿＿＿＿＿＿＿＿＿＿＿＿＿＿ 로 모두

$\boxed{}$ 개입니다.

답 ＿＿＿＿＿＿＿＿＿

문제에서 숫자는 ◯,
조건 또는 구하는 것은 ＿＿로
표시해 보세요.

분모와 분자에 각각 0이
아닌 같은 수를 곱하면 크기가
같은 분수를 만들 수 있어요.

2. $\frac{3}{5}$과 크기가 같은 분수 중에서 분모와 분자의 합이 20보다 크고 40보다 작은 분수는 모두 몇 개인지 구하세요.

생각하며 푼다!

$\frac{3}{5}$과 크기가 같은 분수는 $\frac{6}{10}$, $\dfrac{\boxed{}}{\boxed{}}$, $\dfrac{\boxed{}}{\boxed{}}$, $\dfrac{\boxed{}}{\boxed{}}$ ……입니

다. 이 중에서 분모와 분자의 합이 20보다 크고 40보다 작은 분수는

＿＿＿＿＿＿ 로 모두 $\boxed{}$ 개입니다.

답 ＿＿＿＿＿＿＿＿＿

앗! 실수

●보다 작은 수는 ●를
포함하지 않아요.

3. $\frac{5}{6}$와 크기가 같은 분수 중에서 분모와 분자의 합이 30보다 크고 60보다 작은 분수는 모두 몇 개인지 구하세요.

생각하며 푼다!

$\frac{5}{6}$와 크기가 같은 분수는

답 ＿＿＿＿＿＿＿＿＿

1. $\dfrac{12}{30}$와 크기가 같은 분수 중에서 분모가 10인 분수는 얼마인지 구하세요.

생각하며 푼다!

분모가 10인 분수의 분자를 ■라고 하면 $\dfrac{12}{30}=\dfrac{■}{10}$입니다.

$30÷\boxed{3}=10$이므로 ■$=12÷\boxed{3}=\boxed{}$입니다.

따라서 구하는 분수는 $\boxed{}$입니다.

답 _____

> 간단하게 생각해 봐요.
>
> $\dfrac{12}{30}=\dfrac{■}{10}$ ★을 구한 다음 12를 ★로 나누면 돼요.

해결 순서

❶ 분자를 ■라 하고 ■를 이용하여 분모에 10을 넣어 식 만들기
❷ 30을 얼마로 나누어 10이 되었는지 구하기
❸ 같은 수로 분자 12를 나누기

2. $\dfrac{40}{48}$과 크기가 같은 분수 중에서 분모가 6인 분수는 얼마인지 구하세요.

생각하며 푼다!

분모가 6인 분수의 분자를 ■라고 하면 $\dfrac{40}{48}=\dfrac{■}{6}$입니다.

$48÷\boxed{}=6$이므로 ■$=$_____$=\boxed{}$입니다.

따라서 _____.

답 _____

> 간단하게 생각해 봐요.
>
> $\dfrac{40}{48}=\dfrac{■}{6}$ ★을 구한 다음 40을 ★로 나누면 돼요.

3. $\dfrac{21}{56}$과 크기가 같은 분수 중에서 분모가 8인 분수는 얼마인지 구하세요.

생각하며 푼다!

답 _____

15. 약분, 기약분수 문장제

1. 분모가 ⃝27인 진분수 중에서 약분하면 $\dfrac{2}{3}$가 되는 분수를 구하세요.

   ↗ 분자가 분모보다 작은 분수

   생각하며 푼다!

   ↘ 분모와 분자를 공약수로 나누어 간단히 하는 것

   분모가 27인 진분수의 분자를 ■라고 하면 $\dfrac{■}{27}=\dfrac{2}{3}$입니다.

   분모 27이 3이 되려면 9로 나누어야 합니다. → $27÷\boxed{9}=3$

   $\dfrac{■}{27}=\dfrac{■÷\boxed{}}{27÷\boxed{}}=\dfrac{2}{3}$에서 $■÷\boxed{}=2,$

   $■=2×\boxed{}=\boxed{}$이므로 구하는 분수는 $\dfrac{\boxed{}}{\boxed{}}$입니다.

   답 _____

문제에서 숫자는 ⃝,
조건 또는 구하는 것은 ___로
표시해 보세요.

💡 간단하게 생각해 봐요.

2. 분모가 35인 진분수 중에서 약분하면 $\dfrac{3}{7}$이 되는 분수를 구하세요.

   생각하며 푼다!

   분모가 35인 진분수의 분자를 ■라고 하면 $\dfrac{■}{35}=\dfrac{3}{7}$입니다.

   분모 35가 7이 되려면 $\boxed{}$로 나누어야 합니다. → $35÷\boxed{}=7$

   $\dfrac{■}{35}=\dfrac{■÷\boxed{}}{35÷\boxed{}}=\dfrac{3}{7}$에서 $■÷\boxed{}=3,$

   $■=\boxed{}×\boxed{}=\boxed{}$이므로 _____.

   답 _____

💡 간단하게 생각해 봐요.

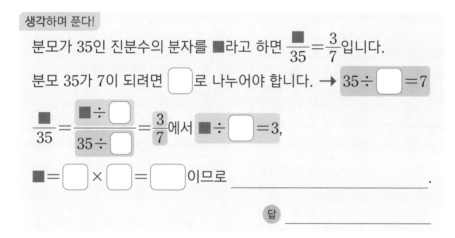

3. 분모가 48인 진분수 중에서 약분하면 $\dfrac{5}{8}$가 되는 분수를 구하세요.

   생각하며 푼다!

   풀이를 완성해요.

   분모가 48인 진분수의 분자를 ■라고 하면

   답 _____

💡 간단하게 생각해 봐요.

1. 진분수 $\dfrac{\square}{6}$가 기약분수라고 할 때 □ 안에 들어갈 수 있는 수를 모두 구하세요.
↗ 분모와 분자의 공약수가 1뿐인 분수

생각하며 푼다!

$\dfrac{\square}{6}$가 진분수이려면 □ 안에는 1, ◯, ◯, ◯, ◯가 들어갈 수 있습니다.
↗ 분자가 6보다 작아야 해요.

이 중에서 기약분수가 되려면 □ 안의 수가 ◯, ◯, ◯는 될 수 없습니다.

따라서 □ 안에 들어갈 수 있는 수는 ◯, ◯입니다.

답 _____

2. 진분수 $\dfrac{\square}{10}$가 기약분수라고 할 때 □ 안에 들어갈 수 있는 수를 모두 구하세요.

생각하며 푼다!

$\dfrac{\square}{10}$가 진분수이려면 □ 안에는 1, _____가 들어갈 수 있습니다.

이 중에서 기약분수가 되려면 □ 안의 수가 _____은 될 수 없습니다.

따라서 □ 안에 들어갈 수 있는 수는 _____입니다.

답 _____

3. 진분수 $\dfrac{\square}{8}$가 기약분수라고 할 때 □ 안에 들어갈 수 있는 수를 모두 구하세요.

생각하며 푼다!

답 _____

문제에서 숫자는 ◯,
조건 또는 구하는 것은 ____로
표시해 보세요.

1. $\dfrac{11}{16}$ 보다 작은 분수 중에서 분모가 16인 기약분수는 모두 몇 개
인지 구하세요.

생각하며 푼다!

$\dfrac{11}{16}$ 보다 작은 분수 중에서 분모가 16인 분수를

$\dfrac{\Box}{16}$ 라고 하면 $\Box$ 안에는 1부터 $\boxed{}$ 까지의 수가

들어갈 수 있습니다.

따라서 이 중에서 기약분수는 $\dfrac{1}{16}$, $\dfrac{\boxed{}}{\boxed{}}$, $\dfrac{\boxed{}}{\boxed{}}$, $\dfrac{\boxed{}}{\boxed{}}$, $\dfrac{\boxed{}}{\boxed{}}$

로 모두 $\boxed{}$ 개입니다.

답 _____

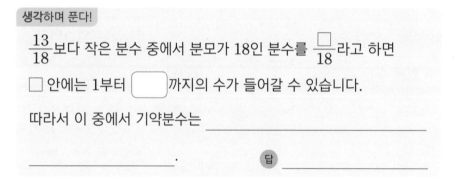

💡 분수를 나열하고 지워서 구하는 방법도 있어요.

$\dfrac{11}{16}$ 보다 작은 분수:

$\dfrac{1}{16}, \dfrac{\cancel{2}}{16}, \dfrac{3}{16}, \dfrac{\cancel{4}}{16}, \dfrac{5}{16}, \dfrac{\cancel{6}}{16}, \dfrac{7}{16}, \dfrac{\cancel{8}}{16}, \dfrac{9}{16}, \dfrac{\cancel{10}}{16}$

↳ 기약분수가 아닌 것을 지워요.

2. $\dfrac{13}{18}$ 보다 작은 분수 중에서 분모가 18인 기약분수는 모두 몇 개
인지 구하세요.

생각하며 푼다!

$\dfrac{13}{18}$ 보다 작은 분수 중에서 분모가 18인 분수를 $\dfrac{\Box}{18}$ 라고 하면

$\Box$ 안에는 1부터 $\boxed{}$ 까지의 수가 들어갈 수 있습니다.

따라서 이 중에서 기약분수는 _____

_____ . 답 _____

3. $\dfrac{10}{21}$ 보다 작은 분수 중에서 분모가 21인 기약분수는 모두 몇 개
인지 구하세요.

생각하며 푼다!

답 _____

1. 기약분수로 나타내었을 때 $\dfrac{8}{11}$이 되는 분수 중에서 분모가 가장 큰 두 자리 수인 분수를 구하세요.

생각하며 푼다!

분모는 ☐의 배수입니다.   ←❶

$11 \times 9 =$ ☐, $11 \times 10 =$ ☐에서 분모가 될 수 있는 가장 큰 두 자리 수는 ☐입니다.   ←❷

따라서 구하는 분수는 $\dfrac{8}{11} = \dfrac{8 \times \boxed{}}{11 \times \boxed{}} = \dfrac{\boxed{}}{\boxed{}}$입니다.   ←❸

답 _____

다른 방법으로 해결하기

❶ 분모는 11의 배수이므로 **가장 큰 두 자리 수인 99** 를 분모 11로 나누기

❷ $99 \div 11 = 9$에서 $11 \times 9 = 99$이므로 가장 큰 두 자리 수인 분모는 99

❸ 분모에 9를 곱했으므로 분자에도 9를 곱하기

2. 기약분수로 나타내었을 때 $\dfrac{5}{6}$가 되는 분수 중에서 분모가 가장 큰 두 자리 수인 분수를 구하세요.

생각하며 푼다!

←❶

←❷

←❸

답 _____

다른 방법으로 해결하기

❶ 분모는 6의 배수이므로 99를 분모 6으로 나누기

↓

❷ $99 \div 6 = 16 \cdots 3$에서 $6 \times 16 = 96$이므로 가장 큰 두 자리 수인 분모는 96

↓

❸ 분모에 16을 곱했으므로 분자에도 16을 곱하기

1. 주영이는 매일 $\dfrac{24}{30}$ 시간씩 운동을 합니다. 주영이가 매일 운동하는 시간은 몇 시간인지 기약분수로 나타내세요.

> **생각하며 푼다!**
>
> 24와 30의 최대공약수 ◻으로 분모와 분자를 나눕니다.
>
> $\dfrac{24}{30}$ 를 기약분수로 나타내면 $\dfrac{24}{30} = \dfrac{24 \div \Box}{30 \div \Box} = \dfrac{\Box}{\Box}$ 이므로
>
> 주영이가 매일 운동하는 시간은 ◻시간입니다.
>
> 답 _____

2. 유진이네 반 학생 32명 중 20명이 안경을 썼습니다. 안경을 쓴 학생은 전체의 몇 분의 몇인지 기약분수로 나타내세요.

> **생각하며 푼다!**
>
> 안경을 쓴 학생은 전체의 $\dfrac{\boxed{}}{\boxed{}}$ 이고, ⌐안경을 쓴 학생 수 ⌐전체 학생 수 두 수의 최대공약수는 ◻입니다. 따라서 ◻을 기약분수로 나타내면 _____
>
> 이므로 안경을 쓴 학생은 전체의 ◻입니다.
>
> 답 _____

3. 동물원에 입장한 사람 300명 중 220명이 어린이입니다. 동물원에 입장한 어린이는 전체의 몇 분의 몇인지 기약분수로 나타내세요.

> **생각하며 푼다!**
>
>
> 답 _____

16. 분모가 같은 분수로 나타내기 문장제

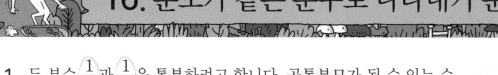

1. 두 분수 $\frac{1}{3}$과 $\frac{1}{4}$을 통분하려고 합니다. 공통분모가 될 수 있는 수

↘ 분수의 분모를 같게 하는 것 ↘ 통분한 분모

중에서 <u>50보다 작은 수를 모두 구하세요.</u>

생각하며 푼다!

두 분수의 공통분모가 될 수 있는 수는 두 분모 3과 4의 $\boxed{\text{공배수}}$

입니다.

3과 4의 최소공배수

3과 4의 공배수는 $\boxed{12}$, $\boxed{}$, $\boxed{}$, $\boxed{}$, 60······이고

이 중에서 50보다 작은 수는 12, $\boxed{}$, $\boxed{}$, $\boxed{}$ 입니다.

답 _____

2. 두 분수 $\frac{2}{9}$와 $\frac{5}{12}$를 통분하려고 합니다. 공통분모가 될 수 있는 수

중에서 100보다 작은 수를 모두 구하세요.

생각하며 푼다!

두 분수의 공통분모가 될 수 있는 수는 _____

_____ 입니다.

> 100보다 큰 수가 나오면 멈춰요.

9와 12의 최소공배수

9와 12의 공배수는 $\boxed{36}$, _____ ······이고

이 중에서 100보다 작은 수는 _____ 입니다.

답 _____

3. 두 분수 $\frac{5}{6}$와 $\frac{7}{10}$을 통분하려고 합니다. 공통분모가 될 수 있는 수

중에서 100보다 작은 수를 모두 구하세요.

생각하며 푼다!

> 풀이를 완성해요.

두 분수의 공통분모가 될 수 있는 수는

답 _____

문제에서 숫자는 ◯,
조건 또는 구하는 것은 ___로
표시해 보세요.

> 두 수의 공배수는
> 두 수의 최소공배수의
> 배수라는 걸 기억해
> 두면 좋아요!

1. 똑같은 사과파이를 진주는 전체의 $\frac{1}{6}$을, 슬기는 전체의 $\frac{3}{8}$을 먹었습니다. 두 사람이 먹은 사과파이의 양을 두 분모의 최소공배수를 공통분모로 하여 통분하세요.

문제에서 숫자는 ◯,
조건 또는 구하는 것은 ____로
표시해 보세요.

생각하며 푼다!

6과 8의 최소공배수는 ☐ 입니다.

진주: $\frac{1}{6} = \frac{1 \times 4}{6 \times 4} = \frac{\boxed{}}{\boxed{}}$, 슬기: $\frac{3}{8} = \frac{3 \times \boxed{}}{8 \times \boxed{}} = \frac{\boxed{}}{\boxed{}}$

답 진주: _____, 슬기: _____

두 분수의 분모가 클 때
두 분모의 곱보다 두 분모의
최소공배수로 통분하는
것이 더 편리해요~

2. 찬혁이는 주스 $\frac{5}{18}$ L와 우유 $\frac{7}{24}$ L를 마셨습니다. 마신 주스와 우유의 양을 두 분모의 최소공배수를 공통분모로 하여 통분하세요.

생각하며 푼다!

18과 24의 최소공배수는 ☐ 입니다.

주스: $\frac{5}{18} =$ _____ (L), 우유: $\frac{7}{24} =$ _____ (L)

답 주스: _____, 우유: _____

18과 24를 두 분모의 곱으로
통분하면 수가 너무 커져
복잡해지겠죠?

3. 유진이는 수학을 공부하는 데 $\frac{3}{8}$시간, 영어를 공부하는 데 $\frac{9}{20}$시간이 걸렸습니다. 수학과 영어 공부를 한 시간을 두 분모의 최소공배수를 공통분모로 하여 통분하세요.

생각하며 푼다!

답 수학: _____, 영어: _____

1. $\frac{1}{3}$보다 크고 $\frac{4}{5}$보다 작은 분수 중에서 분모가 15인 기약분수를
   모두 구하세요.

해결 순서
❶ 통분하기
↓
❷ 범위 안의 분수 찾기
↓
❸ ❷에서 기약분수 찾기

생각하며 푼다!

두 분수를 통분하면 $\left(\frac{1}{3}, \frac{4}{5}\right) \rightarrow \left(\frac{\boxed{}}{15}, \frac{\boxed{}}{15}\right)$입니다. ← ❶

$\frac{1}{3}$보다 크고 $\frac{4}{5}$보다 작은 분수 중 분모가 15인 분수는

$\frac{6}{15}$, _____ 입니다. ← ❷

따라서 이 중에서 기약분수는 _____ 입니다. ← ❸

답 _____

2. $\frac{1}{4}$보다 크고 $\frac{7}{10}$보다 작은 분수 중에서 분모가 20인 기약분수를
   모두 구하세요.

풀이를 완성해요.

생각하며 푼다!

두 분수를 통분하면 $\left(\frac{1}{4}, \frac{7}{10}\right) \rightarrow$

답 _____

1. 어떤 두 기약분수를 통분하였더니 오른쪽과 같았습니다. 통분하기 전의 두 기약분수를 구하세요.

$$\left(\dfrac{18}{\square},\ \dfrac{35}{42}\right)$$

문제에서 숫자는 ◯,
조건 또는 구하는 것은 ____로
표시해 보세요.

생각하며 푼다!

분모가 다른 두 분수를 통분하면 분모가 같아지므로 □ 안에 알맞은

수는 42 입니다. → $\left(\dfrac{18}{\square},\ \dfrac{35}{42}\right)$

18과 ⬚의 최대공약수 ⬚으로 나누어 기약분수를 구합니다.

→ $\dfrac{18}{\square}=\dfrac{18\div\bigcirc}{42\div\bigcirc}=\dfrac{\bigcirc}{\bigcirc}$

35와 42의 최대공약수 ⬚로 나누어 기약분수를 구합니다.

→ $\dfrac{35}{42}=\dfrac{35\div\bigcirc}{42\div\bigcirc}=\dfrac{\bigcirc}{\bigcirc}$

답 (,   )

---

2. 어떤 두 기약분수를 통분하였더니 오른쪽과 같았습니다. 통분하기 전의 두 기약분수를 구하세요.

$$\left(\dfrac{15}{36},\ \dfrac{22}{\square}\right)$$

생각하며 푼다!

분모가 다른 두 분수를 통분하면 분모가 같아지므로 □ 안에 알맞은

수는 ⬚입니다. → $\left(\dfrac{15}{36},\ \dfrac{22}{\square}\right)$

풀이를 완성해요.

답 (,   )

1. 두 분수의 크기를 두 가지 방법으로 비교해 보세요.

$$\frac{5}{8} \bigcirc \frac{7}{10}$$

생각하며 푼다!

방법1 두 분모의 곱을 공통분모로 하여 통분한 후 비교하기

8과 10의 곱은 ☐ 입니다.

$$\left(\frac{5}{8}, \frac{7}{10}\right) \rightarrow \left(\frac{\Box}{80}, \frac{\Box}{80}\right) \rightarrow \frac{\Box}{80} \bigcirc \frac{\Box}{80}$$

통분하면 분모가 같아지니까 분자가 더 커지는 쪽이 큰 분수예요.

$$\frac{5}{8} \times \frac{7}{10} \rightarrow 5 \times 10 \bigcirc 7 \times 8$$
$$=50 \quad =56$$
$$\rightarrow \frac{5}{8} \bigcirc \frac{7}{10}$$

방법2 두 분모의 최소공배수를 공통분모로 하여 통분한 후 비교하기

8과 10의 최소공배수는 ☐ 입니다.

$$\left(\frac{5}{8}, \frac{7}{10}\right) \rightarrow \left(\frac{\Box}{40}, \frac{\Box}{40}\right) \rightarrow \frac{\Box}{40} \bigcirc \frac{\Box}{40}$$

답 $\frac{5}{8} \bigcirc \frac{7}{10}$

2. 다음 분수 중에서 가장 큰 분수를 찾아 쓰세요.

$$\frac{3}{5} \qquad \frac{2}{3} \qquad \frac{1}{2}$$

세 분수를 한꺼번에 통분하여 비교할 수도 있어요.
$$\left(\frac{3}{5}, \frac{2}{3}, \frac{1}{2}\right) \rightarrow \left(\frac{18}{30}, \frac{20}{30}, \frac{15}{30}\right)$$

생각하며 푼다!

$$\left(\frac{3}{5}, \frac{2}{3}\right) \rightarrow \left(\frac{9}{15}, \frac{\Box}{15}\right) \rightarrow \frac{9}{15} \bigcirc \frac{\Box}{15} \rightarrow \frac{3}{5} \bigcirc \frac{2}{3}$$

두 분수씩 차례로 비교하는 방법이에요.

$$\left(\frac{2}{3}, \frac{1}{2}\right) \rightarrow \left(\frac{\Box}{6}, \frac{\Box}{6}\right) \rightarrow \frac{\Box}{6} \bigcirc \frac{\Box}{6} \rightarrow \frac{2}{3} \bigcirc \frac{1}{2}$$

$$\left(\frac{3}{5}, \frac{1}{2}\right) \rightarrow \left(\frac{\Box}{10}, \frac{\Box}{10}\right) \rightarrow \frac{\Box}{10} \bigcirc \frac{\Box}{10} \rightarrow \frac{3}{5} \bigcirc \frac{1}{2}$$

→ ☐ > ☐ > ☐ 이므로 가장 큰 분수는 ☐ 입니다.

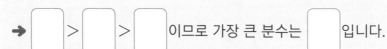

문제에 제시된 세 분수의 크기를 비교해요.

답 _____

1. ★ 안에 들어갈 수 있는 가장 큰 자연수를 구하세요.

$$\frac{2}{9} > \frac{★}{15}$$

분모 9와 15의 최소공배수인 ☐ 로 통분하면

$$\frac{2}{9} > \frac{★}{15} \rightarrow \frac{\boxed{}}{45} > \frac{★ \times \boxed{}}{45}$$ 에서 $\boxed{} > ★ \times \boxed{}$ 입니다.

> 분모가 같아졌으므로 분자끼리 크기를 비교해요.

따라서 ★ 안에 들어갈 수 있는 자연수는 1, ☐ , ☐ 이고

이 중 가장 큰 수는 ☐ 입니다.

답 _____

10 > ★ × 3에서 ★에 1부터
차례로 숫자를 넣어 보세요.

10 > 1 × 3 = 3 (○)
10 > 2 × 3 = 6 (○)
10 > 3 × 3 = 9 (○)
10 > 4 × 3 = 12 (×)

2. ★ 안에 들어갈 수 있는 가장 큰 자연수를 구하세요.

$$\frac{7}{10} > \frac{★}{6}$$

분모 10과 6의 최소공배수인 ☐ 으로 통분하면

$$\frac{7}{10} > \frac{★}{6} \rightarrow \frac{\boxed{}}{30} > \frac{★ \times \boxed{}}{30}$$ 에서 $\boxed{} > ★ \times \boxed{}$ 입니다.

따라서 ★ 안에 들어갈 수 있는 자연수는 _____ 이고

이 중 _____ .

답 _____

3. ☐ 안에 들어갈 수 있는 가장 큰 자연수를 구하세요.

$$\frac{5}{8} > \frac{☐}{5}$$

답 _____

1. ☐ 안에 들어갈 수 있는 자연수는 모두 몇 개인지 구하세요.

$$\frac{1}{6} < \frac{\boxed{}}{12} < \frac{3}{4}$$

해결 순서

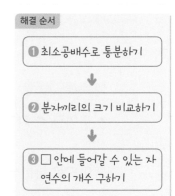

생각하며 푼다!

세 분모 6, 12, 4의 최소공배수는 ☐입니다.

$\frac{1}{6} < \frac{\boxed{}}{12} < \frac{3}{4} \rightarrow \frac{\boxed{}}{12} < \frac{\boxed{}}{12} < \frac{\boxed{}}{12}$ 에서 ☐ < ☐ < ☐ 입니다.

따라서 ☐ 안에 들어갈 수 있는 자연수는 ☐, ☐, ☐, ☐,

☐, ☐로 모두 ☐개입니다.

답 _____

2. ☐ 안에 들어갈 수 있는 자연수는 모두 몇 개인지 구하세요.

$$\frac{1}{4} < \frac{\boxed{}}{28} < \frac{3}{7}$$

생각하며 푼다!

세 분모 4, 28, 7의 최소공배수는 ☐입니다.

$\frac{1}{4} < \frac{\boxed{}}{28} < \frac{3}{7} \rightarrow \boxed{} < \frac{\boxed{}}{28} < \boxed{}$ 에서 ☐ < ☐ < ☐ 입니

다. 따라서 ☐ 안에 들어갈 수 있는 자연수는 _____ 로

모두 ☐개입니다.

답 _____

3. ☐ 안에 들어갈 수 있는 자연수는 모두 몇 개인지 구하세요.

$$\frac{8}{15} < \frac{\boxed{}}{30} < \frac{2}{3}$$

생각하며 푼다!

답 _____

1. 수 카드 ③3장 중에서 ②2장을 한 번씩만 사용하여 진분수를 만들려
고 합니다. 만들 수 있는 진분수 중에서 가장 큰 수를 구하세요.

↳ (분자)<(분모)인 분수예요.

③ ④ ⑤

생각하며 푼다!

주어진 수 카드 중에서 2장으로 진분수를 만들면 $\frac{\boxed{}}{4}$, $\frac{3}{5}$, $\frac{\boxed{}}{5}$

이므로 통분하면 $\left(\frac{\boxed{}}{4}, \frac{3}{5}, \frac{\boxed{}}{5}\right)$ → $\left(\frac{\boxed{}}{20}, \frac{\boxed{}}{20}, \frac{\boxed{}}{20}\right)$

→ $\frac{\boxed{}}{20} > \frac{\boxed{}}{20} > \frac{\boxed{}}{20}$ → $\boxed{} > \boxed{} > \boxed{}$ 입니다.

문제에 제시된 세 분수의 크기를 비교해요.

따라서 이 중에서 가장 큰 수는 $\boxed{}$ 입니다.

답 _____

2. 수 카드 3장 중에서 2장을 한 번씩만 사용하여 진분수를 만들려
고 합니다. 만들 수 있는 진분수 중에서 가장 큰 수를 구하세요.

① ② ⑦

생각하며 푼다!

주어진 수 카드 중에서 2장으로 진분수를 만들면 $\frac{\boxed{}}{2}$, $\frac{1}{7}$, $\frac{\boxed{}}{7}$

이므로 통분하면 $\left(\frac{\boxed{}}{2}, \frac{1}{7}, \frac{\boxed{}}{7}\right)$ → $\left(\frac{\boxed{}}{14}, \boxed{}, \boxed{}\right)$

→ $\frac{\boxed{}}{14} > \boxed{} > \boxed{}$ → $\boxed{} > \boxed{} > \boxed{}$ 입니다.

문제에 제시된 세 분수의 크기를 비교해요.

따라서 이 중에서 _____ 입니다.

답 _____

문제에서 숫자는 ○,
조건 또는 구하는 것은 ___로
표시해 보세요.

앗! 실수
진분수는 (분자)<(분모)인
분수이므로 ③,④,⑤ 중
2장으로 만든 분수 중
$\frac{4}{3}, \frac{5}{3}, \frac{5}{4}$는 진분수가 아니에요.

1. 시현이와 지은이 중 물을 더 많이 마신 사람은 누구일까요?

시현: $\dfrac{5}{6}$ L   지은: $\dfrac{13}{15}$ L

생각하며 푼다!

두 분모의 최소공배수인 [   ]으로 통분하면

$\left(\dfrac{5}{6}, \dfrac{13}{15}\right) \rightarrow \left([\quad], [\quad]\right) \rightarrow \dfrac{5}{6} \bigcirc \dfrac{13}{15}$입니다.

따라서 물을 더 많이 마신 사람은 [   ]입니다.

답 _____

2. 학교에서 집까지의 거리를 나타낸 것입니다. 학교에서 가장 가까운 곳은 누구네 집일까요?

유빈: $\dfrac{19}{24}$ km   지원: $\dfrac{3}{4}$ km   민정: $\dfrac{7}{12}$ km

생각하며 푼다!

$\left(\dfrac{19}{24}, \dfrac{3}{4}\right) \rightarrow \left(\dfrac{19}{24}, [\quad]\right) \rightarrow \overset{\text{유빈}}{\dfrac{19}{24}} \bigcirc \overset{\text{지원}}{\dfrac{3}{4}}$이고,

$\left(\dfrac{3}{4}, \dfrac{7}{12}\right) \rightarrow \left([\quad], \dfrac{7}{12}\right) \rightarrow \overset{\text{지원}}{\dfrac{3}{4}} \bigcirc \overset{\text{민정}}{\dfrac{7}{12}}$입니다.

따라서 $\overset{\text{가장 먼 집}}{\dfrac{19}{24}} \bigcirc \dfrac{3}{4} \bigcirc \overset{\text{가장 가까운 집}}{\dfrac{7}{12}}$이므로 가장 가까운 곳은 [   ]이네 집입니다.

답 _____

3. 강아지와 고양이 중에서 어느 것이 더 무거울까요?

강아지: $3\dfrac{7}{20}$ kg   고양이: 3.17 kg

생각하며 푼다!

분수를 소수로 고치면 $3\dfrac{7}{20} = 3\dfrac{[\quad]}{100} = $ [   ]입니다.

따라서 [   ]가 더 무겁습니다.

답 _____

분수와 소수의 크기 비교는 분수를 소수로 바꾸거나 소수를 분수로 바꾸어 비교하면 돼요.

문제에서 숫자는 ◯,
조건 또는 구하는 것은 ＿＿로
표시해 보세요.

1. 물통 ㉠에는 물이 $\dfrac{4}{5}$ L, 물통 ㉡에는 물이 $\dfrac{7}{9}$ L 들어 있습니다. ㉠와 ㉡ 중에서 물이 더 많이 들어 있는 물통은 어느 것일까요?

↳ 더 큰 분수를 찾아요.

생각하며 푼다!

두 분모의 최소공배수인 ☐로 통분하여 크기를 비교하면

$\dfrac{4}{5}=$ ☐ ◯ $\dfrac{7}{9}=$ ☐ 입니다.

따라서 $\dfrac{4}{5}$ ◯ $\dfrac{7}{9}$ 이므로 물이 더 많이 들어 있는 물통은 ☐입니다.

답 _____

2. 명수는 할아버지 댁에 가는 데 $\dfrac{3}{8}$ km는 전철로 가고, $\dfrac{5}{12}$ km는 버스로 갔습니다. 전철과 버스 중 타고 간 거리가 더 먼 것은 어느 것일까요?

생각하며 푼다!

두 분모의 최소공배수인 ☐로 통분하여 크기를 비교하면

$\dfrac{3}{8}=$ ☐ ◯ $\dfrac{5}{12}=$ ☐ 입니다.

따라서 $\dfrac{3}{8}$ ◯ $\dfrac{5}{12}$ 이므로 타고 간 거리가 더 먼 것은 ☐입니다.

답 _____

3. 현지는 수학 공부를 $\dfrac{6}{7}$ 시간 했고, 민우는 수학 공부를 $\dfrac{3}{4}$ 시간 했습니다. 수학 공부를 더 적게 한 사람은 누구일까요?

↳ 더 작은 분수를 찾아요.

풀이를 완성해요.

생각하며 푼다!

두 분모의 최소공배수인 ☐로 통분하여 크기를 비교하면

답 _____

1. 경원이네 집에서 우체국까지는 0.9 km, 수영장까지는 $\frac{4}{5}$ km 떨어져 있습니다. 경원이네 집에서 더 멀리 떨어져 있는 곳은 어디일까요?

↳ 더 큰 분수를 찾아요.

생각하며 푼다!

분수를 소수로 고치면 $\frac{4}{5}=\frac{4\times\boxed{}}{5\times\boxed{}}=\frac{\boxed{}}{10}=\boxed{}$ 입니다. 소수

우체국   수영장

따라서 0.9 > $\boxed{}$ 이므로 더 멀리 떨어져 있는 곳은 $\boxed{}$ 입니다.

소수끼리 비교해요.

답 _____

2. 우유를 지후는 $\frac{1}{4}$ L 마셨고, 경수는 0.3 L 마셨습니다. 우유를 더 많이 마신 사람은 누구일까요?

생각하며 푼다!

분수를 소수로 고치면 $\frac{1}{4}=\frac{1\times\boxed{}}{4\times\boxed{}}=\frac{\boxed{}}{100}=\boxed{}$ 입니다. 소수

지후   경수

따라서 $\boxed{}$ < $\boxed{}$ 이므로 _____

_____ .

답 _____

3. 크기가 같은 초콜릿을 재현이는 전체의 0.78을, 혜민이는 전체의 $\frac{3}{4}$을 먹었습니다. 초콜릿을 더 적게 먹은 사람은 누구일까요?

생각하며 푼다!

답 _____

4. 약분과 통분

1. $\frac{4}{9}$와 크기가 같은 분수 중에서 분모와 분자의 합이 65인 분수를 구하세요.

( )

2. $\frac{2}{5}$와 크기가 같은 분수 중에서 분모와 분자의 합이 20보다 크고 40보다 작은 분수는 모두 몇 개인지 구하세요. (20점)

( )

3. 분모가 56인 진분수 중에서 약분하면 $\frac{3}{7}$이 되는 분수를 구하세요.

( )

4. $\frac{11}{20}$보다 작은 분수 중에서 분모가 20인 기약분수는 모두 몇 개인지 구하세요.

( )

5. 석진이네 반 학생 24명 중 8명이 동생이 있습니다. 동생이 있는 학생은 전체의 몇 분의 몇인지 기약분수로 나타내세요.

( )

6. $\frac{1}{2}$보다 크고 $\frac{7}{9}$보다 작은 분수 중에서 분모가 18인 기약분수를 모두 구하세요. (20점)

( )

7. 선우네 집에서 편의점까지의 거리를 나타낸 것입니다. 선우네 집에서 더 가까운 곳은 어느 편의점일까요?

가 편의점: $\frac{3}{8}$ km   나 편의점: $\frac{4}{9}$ km

( )

8. 윤서는 수학 공부를 0.7시간 했고, 영어 공부를 $\frac{3}{4}$시간 했습니다. 수학과 영어 중 더 오래 공부한 과목은 무엇일까요?

( )

다섯째 마당

나 혼자 풀이 과정을 완성하는

분수의 덧셈과 뺄셈

다섯째 마당에서는 **분수의 덧셈과 뺄셈을 활용한 문장제**를 배웁니다.

분모가 다른 분수의 계산은 먼저 통분을 한 다음 계산해요.

분수가 나오는 다양한 생활 속 문장제를 풀어 보세요.

분모가 같은 분수의 덧셈과 뺄셈은 4학년 때 이미 배웠었죠? 이번엔 분모가 다른 분수의 덧셈과 뺄셈을 공부해요. 실수하지 않도록 차근차근 계산해 보세요.

18. 진분수의 덧셈 문장제

1. $\dfrac{3}{8}$보다 $\dfrac{1}{6}$ 큰 수는 얼마일까요? 덧셈을 해요.

$\dfrac{3}{8}$보다 $\dfrac{1}{6}$ 큰 수 $\rightarrow$ $\dfrac{3}{8}+\dfrac{1}{6}$

생각하며 푼다!

분자끼리의 덧셈을 해요.

$$\dfrac{3}{8}+\dfrac{1}{6}=\dfrac{9}{24}+\dfrac{\square}{24}=\dfrac{\square}{24}$$

분모를 통분해요.

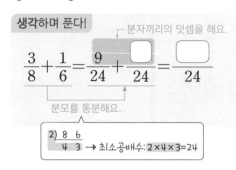

2) 8 6
    4 3 → 최소공배수: 2×4×3=24

답 _____

2. $\dfrac{1}{2}$보다 $\dfrac{4}{7}$ 큰 수는 얼마일까요?

생각하며 푼다!

$$\dfrac{1}{2}+\dfrac{4}{7}=\dfrac{7}{14}+\boxed{}=\boxed{}=\boxed{}$$

분모를 통분해요.   가분수는 대분수로 나타내요.

답 _____

3. $\dfrac{3}{10}$시간과 $\dfrac{1}{4}$시간을 더하면 모두 몇 시간일까요? 덧셈을 해요.

생각하며 푼다!

기약분수

방법1 $\dfrac{3}{10}+\dfrac{1}{4}=\dfrac{12}{40}+\boxed{}=\boxed{}=\boxed{}$ (시간)

방법2 $\dfrac{3}{10}+\dfrac{1}{4}=\dfrac{6}{20}+\boxed{}=\boxed{}$ (시간)

방법1 은 두 분모의 곱으로 통분하고,
방법2 는 두 분모의 최소공배수로 통분하여 계산해요.

따라서 $\dfrac{3}{10}$시간과 $\dfrac{1}{4}$시간을 더하면 모두 $\boxed{}$시간입니다.

답 _____ 시간

단위를 꼭 써요!

4. $\dfrac{2}{5}$ m보다 $\dfrac{2}{3}$ m 더 긴 길이는 몇 m일까요? 덧셈을 해요.

생각하며 푼다!

계산 결과는 대분수로 나타내요.

$$\dfrac{2}{5}+\dfrac{2}{3}=\text{_____} \text{(m)이므로}$$

$\dfrac{2}{5}$ m보다 $\dfrac{2}{3}$ m 더 긴 길이는 $\boxed{}$ m입니다.

답 _____

1. 지영이는 $\frac{2}{3}$시간 동안 수학 숙제를 하고 $\frac{1}{2}$시간 동안 영어 숙제를 했습니다. 지영이가 숙제를 한 시간은 모두 몇 시간일까요?

↳덧셈을 해요.

생각하며 푼다!

(지영이가 숙제를 한 시간)

= (수학 숙제를 한 시간) + (☐ 숙제를 한 시간)

$= \frac{2}{3} + \frac{1}{2} = \frac{\boxed{}}{6} + \frac{\boxed{}}{6} = \boxed{} = \boxed{}$ (시간)

대분수

분모를 통분해요.

답 _____

문제에서 숫자는 ◯, 조건 또는 구하는 것은 ＿로 표시해 보세요.

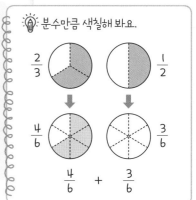

💡 분수만큼 색칠해 봐요.

$\frac{2}{3}$ $\frac{1}{2}$

$\frac{4}{6}$ $\frac{3}{6}$

$\frac{4}{6}$ + $\frac{3}{6}$

2. 길이가 $\frac{3}{4}$ m인 빨간색 끈과 $\frac{1}{3}$ m인 노란색 끈을 겹치지 않게 이었습니다. 이은 색 끈의 길이는 모두 몇 m일까요?

생각하며 푼다!

(이은 색 끈의 길이)

= (빨간색 끈의 길이) + (_____)

$= \dfrac{3}{4} + \underline{} = \underline{} = \boxed{} = \boxed{}$ (m)

대분수

분모를 통분해요.

답 _____

💡 분수만큼 색칠해 봐요.

$\frac{3}{4}$ $\frac{1}{3}$

$\frac{9}{12}$ $\frac{4}{12}$

$\frac{9}{12}$ + $\frac{4}{12}$

3. 무게가 $\frac{5}{6}$ kg인 파인애플 1개와 무게가 $\frac{8}{15}$ kg인 멜론 1개가 있습니다. 파인애플 1개와 멜론 1개의 무게는 모두 몇 kg일까요?

생각하며 푼다!

답 _____

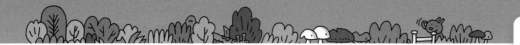

1. 우유를 민준이는 $\frac{1}{3}$ L 마셨고, 수현이는 민준이보다 $\frac{2}{9}$ L 더 많이 마셨습니다. 수현이가 마신 우유는 몇 L일까요?

$\searrow +\frac{2}{9}$ L

문제에서 숫자는 ◯,
조건 또는 구하는 것은 ____로
표시해 보세요.

생각하며 푼다!

(수현이가 마신 우유의 양)
=(민준이가 마신 우유의 양)+(더 마신 우유의 양)

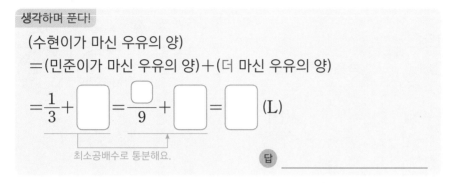

$= \frac{1}{3} + \boxed{} = \frac{\boxed{}}{9} + \boxed{} = \boxed{}$ (L)

최소공배수로 통분해요.

답 _____

두 분모의 곱보다
두 분모의 최소공배수로
통분하면 계산이
더 간단해져요.

2. 수조에 $\frac{3}{4}$ L의 물이 들어 있었습니다. 이 수조에 $\frac{2}{7}$ L의 물을 더 많이 부었다면 수조에 들어 있는 물은 몇 L일까요?

생각하며 푼다!

(수조에 들어 있는 물의 양)
=(처음에 들어 있던 물의 양)+($\boxed{}$)

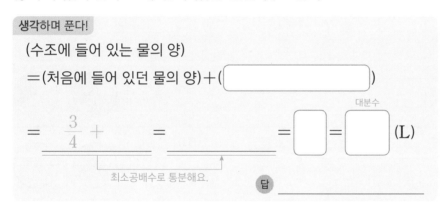

대분수

$= \frac{3}{4} + = = \boxed{} = \boxed{}$ (L)

최소공배수로 통분해요.

답 _____

3. 매듭을 만드는 데 빨간색 끈은 $\frac{3}{4}$ m 사용했고, 파란색 끈은 빨간색 끈보다 $\frac{5}{14}$ m 더 많이 사용했습니다. 매듭을 만드는 데 파란색 끈은 몇 m 사용했을까요?

생각하며 푼다!

답 _____

1. 피자를 진영이는 전체의 $\frac{1}{8}$을 먹었고, 경준이는 전체의 $\frac{1}{6}$을 먹었습니다. 두 사람이 먹은 피자의 양은 전체의 몇 분의 몇일까요?

생각하며 푼다!

(두 사람이 먹은 피자의 양)

=(진영이가 먹은 피자의 양)+(⬚이가 먹은 피자의 양)

= ⬚ + ⬚ = ⬚ + ⬚ = ⬚

최소공배수로 통분해요.

따라서 두 사람이 먹은 피자의 양은 전체의 ⬚입니다.

답 _____

2. 서우가 동화책을 어제는 전체의 $\frac{1}{12}$을 읽었고, 오늘은 전체의 $\frac{1}{4}$을 읽었습니다. 서우가 어제와 오늘 동화책을 읽은 양은 전체의 몇 분의 몇일까요?

생각하며 푼다!

(어제와 오늘 동화책을 읽은 양)

=(어제 동화책을 읽은 양)+(⬚)

$= \frac{1}{12} +$ ⬚ $=$ ⬚ $=$ ⬚ 기약분수

최소공배수로 통분해요.

따라서 서우가 어제와 오늘 동화책을 읽은 양은 전체의 ⬚입니다.

답 _____

1. 케이크를 만드는 데 필요한 초콜릿은 $\dfrac{3}{8}$컵, 생크림은 $\dfrac{7}{10}$컵입니다. 케이크를 만드는 데 필요한 초콜릿과 생크림의 양은 모두 몇 컵일까요?

생각하며 푼다!

(케이크를 만드는 데 필요한 초콜릿과 생크림의 양)

$=$(초콜릿의 양)$+($ ⎵⎵⎵⎵ $)$

대분수

$= \dfrac{3}{8} + \underline{\quad\quad\quad} = \underline{\quad\quad\quad} = \boxed{} = \boxed{}$ (컵)

└ 최소공배수로 통분해요.

따라서 케이크를 만드는 데 필요한 _____

_____ .

답 _____

2. 아이스크림 1개를 만드는 데 필요한 우유는 $\dfrac{4}{15}$ L, 케이크 1개를 만드는 데 필요한 우유는 $\dfrac{8}{9}$ L입니다. 아이스크림 1개와 케이크 1개를 만드는 데 필요한 우유의 양은 모두 몇 L일까요?

생각하며 푼다!

답 _____

문제에서 숫자는 ◯, 조건 또는 구하는 것은 ____로 표시해 보세요.

19. 대분수의 덧셈 문장제

1. $\dfrac{2}{5}$ 보다 $3\dfrac{1}{2}$ 큰 수는 얼마일까요?  덧셈을 해요.

생각하며 푼다!

$$\underbrace{\dfrac{2}{5}+3\dfrac{1}{2}}_{\text{분모를 통분해요.}}=\dfrac{\square}{10}+3\dfrac{\square}{10}=\boxed{}$$

답 _____

2. $2\dfrac{5}{6}$ 보다 $1\dfrac{3}{8}$ 큰 수는 얼마일까요?

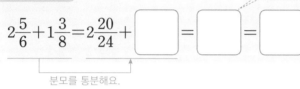 두 분모를 통분한 다음 자연수는 자연수끼리, 분수는 분수끼리 더해요.

생각하며 푼다!

$$\underbrace{2\dfrac{5}{6}+1\dfrac{3}{8}}_{\text{분모를 통분해요.}}=2\dfrac{20}{24}+\boxed{}=\boxed{}=\boxed{}$$

답 _____

3. 두 색 테이프의 길이를 더하면 몇 m일까요?  덧셈을 해요.

$3\dfrac{3}{4}$ m $1\dfrac{5}{8}$ m

생각하며 푼다!

$$3\dfrac{3}{4}+1\dfrac{5}{8}=\text{_____}\ \text{(m)이므로}$$

두 색 테이프의 길이를 더하면 $\boxed{}$ m입니다.

답 _____ m

 단위를 꼭 써요!

4. 직사각형의 가로와 세로의 합은 몇 m일까요? 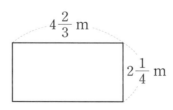 덧셈을 해요.

$4\dfrac{2}{3}$ m

$2\dfrac{1}{4}$ m

생각하며 푼다!

답 _____

1. 성훈이는 집에서 출발하여 외갓집까지 가는 데 $1\frac{5}{8}$ km는 버스를 타고, $\frac{5}{12}$ km는 걸어서 갔습니다. 성훈이가 집에서 출발하여 외갓집까지 간 거리는 모두 몇 km일까요?

문제에서 숫자는 ◯, 조건 또는 구하는 것은 ＿＿로 표시해 보세요.

> **생각하며 푼다!**
>
> (집에서 출발하여 외갓집까지 간 거리)
> ＝(버스를 탄 거리)＋(걸어서 간 거리)
>
> 대분수
> ＝ ☐ ＋ ☐ ＝ ☐ ＋ ☐ ＝ ☐ ＝ ☐ (km)
>
> 최소공배수로 통분해요.
>
> 답 ＿＿＿＿＿＿＿＿＿＿＿

2. 길이가 $2\frac{4}{5}$ m인 빨간색 끈과 $1\frac{2}{3}$ m인 노란색 끈을 겹치지 않게 이었습니다. 이은 색 끈의 길이는 모두 몇 m일까요?

> **생각하며 푼다!**
>
> (이은 색 끈의 길이)
> ＝(빨간색 끈의 길이)＋(☐)
>
> 대분수
> ＝ ☐ ＋ ☐ ＝ ☐ ＋ ☐ ＝ ☐ ＝ ☐ (m)
>
> 최소공배수로 통분해요.
>
> 답 ＿＿＿＿＿＿＿＿＿＿＿

3. 제과점에서 우유식빵 $1\frac{5}{6}$ kg과 잡곡식빵 $2\frac{3}{4}$ kg을 만들었습니다. 만든 우유식빵과 잡곡식빵의 무게는 모두 몇 kg일까요?

> **생각하며 푼다!**
>
>
>
> 답 ＿＿＿＿＿＿＿＿＿＿＿

1. 과수원에서 배는 $3\frac{2}{7}$ kg 땄고, 사과는 배보다 $1\frac{1}{4}$ kg 더 많이

   땄습니다. 과수원에서 딴 사과는 몇 kg일까요?

   $\searrow +1\frac{1}{4}$ kg

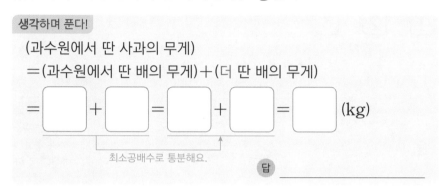

생각하며 푼다!

(과수원에서 딴 사과의 무게)

= (과수원에서 딴 배의 무게) + (더 딴 배의 무게)

= ☐ + ☐ = ☐ + ☐ = ☐ (kg)

최소공배수로 통분해요.

답 _____

2. 수조에 $4\frac{3}{10}$ L의 물이 들어 있습니다. 이 수조에 $2\frac{2}{5}$ L의 물을

   더 부었다면 수조에 들어 있는 물은 모두 몇 L일까요?

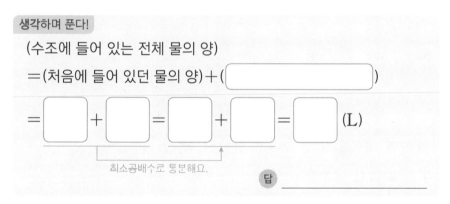

생각하며 푼다!

(수조에 들어 있는 전체 물의 양)

= (처음에 들어 있던 물의 양) + (☐)

= ☐ + ☐ = ☐ + ☐ = ☐ (L)

최소공배수로 통분해요.

답 _____

3. 체험 학습에서 고구마를 승기는 $4\frac{1}{8}$ kg 캤고, 준호는 승기보다

   $1\frac{5}{12}$ kg 더 많이 캤습니다. 준호가 캔 고구마는 몇 kg일까요?

생각하며 푼다!

답 _____

1. 수 카드를 한 번씩만 사용하여 대분수를 만들려고 합니다. 만들 수 있는 <u>가장 큰 대분수</u>와 <u>가장 작은 대분수</u>의 합을 구하세요.
   ❶   ❷

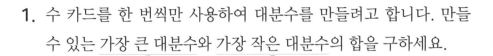

생각하며 푼다!

가장 큰 수
가장 큰 대분수: ⬛/⬛
나머지 수로
진분수를 만들어요.

가장 작은 수
가장 작은 대분수: ⬛/⬛
나머지 수로
진분수를 만들어요.

만들 수 있는 <u>가장 큰 대분수</u>는 ☐ 이고,
                    ❶

<u>가장 작은 대분수</u>는 ☐ 입니다.
   ❷

따라서 가장 큰 대분수와 가장 작은 대분수의 합은

☐ + ☐ = $3\frac{\square}{6}$ + ☐ = $4\frac{\square}{6}$ = ☐ 입니다.

답 _____

문제에서 숫자는 ◯,
조건 또는 구하는 것은 ___로
표시해 보세요.

해결 순서

❶ 가장 큰 대분수 만들기
→ 자연수 부분에 가장 큰 수를 놓고, 나머지 수로 진분수를 만들어요.

↓

❷ 가장 작은 대분수 만들기
→ 자연수 부분에 가장 작은 수를 놓고, 나머지 수로 진분수를 만들어요.

2. 수 카드를 한 번씩만 사용하여 대분수를 만들려고 합니다. 만들 수 있는 가장 큰 대분수와 가장 작은 대분수의 합을 구하세요.

   3   4   7

생각하며 푼다!

만들 수 있는 가장 큰 대분수는 ☐ 이고,

가장 작은 대분수는 ☐ 입니다.   풀이를 완성해요.

답 _____

20. 진분수의 뺄셈 문장제

1. $\frac{5}{8}$ 보다 $\frac{1}{2}$ 작은 수는 얼마일까요?   뺄셈을 해요.

$\frac{5}{8}$ 보다 $\frac{1}{2}$ 작은 수 → $\frac{5}{8} - \frac{1}{2}$

생각하며 푼다!

분자끼리의 뺄셈을 해요.

$$\frac{5}{8} - \frac{1}{2} = \frac{\boxed{}}{8} - \frac{\boxed{}}{8} = \frac{\boxed{}}{8}$$

분모를 통분해요.

답 _____

2. $\frac{6}{7}$ 보다 $\frac{2}{3}$ 작은 수는 얼마일까요?

생각하며 푼다!

$$\frac{6}{7} - \frac{2}{3} = \frac{\boxed{}}{21} - \frac{\boxed{}}{21} = \boxed{}$$

분모를 통분해요.

답 _____

3. $\frac{7}{8}$ m보다 $\frac{5}{6}$ m 더 짧은 길이는 몇 m일까요?   뺄셈을 해요.

생각하며 푼다!

$$\frac{7}{8} - \frac{5}{6} = \frac{\boxed{}}{24} - \frac{\boxed{}}{24} = \boxed{}$$ 이므로 $\frac{7}{8}$ m보다 $\frac{5}{6}$ m 더 짧은 길이는 $\boxed{}$ m입니다.

답 _____ m

단위를 꼭 써요!

4. $\frac{5}{9}$ L보다 $\frac{1}{4}$ L 더 적은 양은 몇 L일까요?   뺄셈을 해요.

생각하며 푼다!

$$\frac{5}{9} - \frac{1}{4} = \underline{\hspace{3cm}}$$ (L)이므로 $\frac{5}{9}$ L보다 $\frac{1}{4}$ L 더 적은 양은 $\boxed{}$ L입니다.

답 _____

1. 지욱이는 음료수를 $\frac{3}{4}$ L 마셨고, 재현이는 지욱이보다 음료수를
$\frac{7}{10}$ L 더 적게 마셨습니다. 재현이가 마신 음료수는 몇 L일까요?

↳ 뺄셈을 해요.

생각하며 푼다!

(재현이가 마신 음료수의 양)

$=$ (☐ 이가 마신 음료수의 양) $-$ (더 적게 마신 음료수의 양)

$= \boxed{} - \boxed{} = \dfrac{\boxed{}}{20} - \dfrac{\boxed{}}{20} = \boxed{}$ (L)

답 _____

2. 주말 농장에서 오이를 희수는 $\frac{7}{15}$ kg 땄고, 준수는 희수보다 $\frac{1}{3}$ kg
더 적게 땄습니다. 준수가 딴 오이는 몇 kg일까요?

생각하며 푼다!

(준수가 딴 오이의 무게)

$=$ (☐ 가 딴 오이의 무게) $-$ (☐ 딴 오이의 무게)

$= = = \boxed{}$ (kg)

최소공배수로 통분해요.

답 _____

3. 분홍색 리본끈은 $\frac{3}{5}$ m이고, 파란색 리본끈은 분홍색 리본끈보다
$\frac{1}{6}$ m 더 짧습니다. 파란색 리본끈은 몇 m일까요?

↳ 뺄셈을 해요.

생각하며 푼다!

답 _____

1. 어머니께서 시장에서 돼지고기 $\frac{7}{12}$ kg, 소고기 $\frac{5}{8}$ kg을 사 오셨습니다. 사 온 돼지고기와 소고기 중에서 어느 것이 몇 kg 더 많을까요?

↘ 더 무거운 무게에서 더 가벼운 무게를 빼요.

해결 순서
❶ 통분하여 두 분수의 크기 비교하기
↓
❷ 더 많은 양에서 더 적은 양을 빼어 몇 kg 더 많은지 구하기

생각하며 푼다!

먼저 $\frac{7}{12}$과 $\frac{5}{8}$의 크기를 비교하면

$\frac{7}{12} = \frac{\boxed{}}{24}$ ◯ $\frac{5}{8} = \frac{\boxed{}}{24}$ 입니다.

따라서 $\boxed{}$ 가

$\boxed{} - \boxed{} = \dfrac{}{} = \boxed{}$ (kg) 더 많습니다.

최소공배수로 통분해요.

답 _____ , _____

더 많은 것을 써요.   더 많은 양을 써요.

2. 딸기를 주현이는 $\frac{7}{9}$ kg 땄고, 민성이는 $\frac{5}{7}$ kg 땄습니다. 누가 딸기를 몇 kg 더 많이 땄을까요?

생각하며 푼다!

먼저 $\frac{7}{9}$과 $\frac{5}{7}$의 크기를 비교하면

$\frac{7}{9} = \frac{\boxed{}}{63}$ ◯ $\frac{5}{7} = \frac{\boxed{}}{63}$ 입니다.

풀이를 완성해요.

답 _____ , _____

21. 대분수의 뺄셈 문장제

1. $4\frac{1}{2}$보다 $1\frac{2}{5}$ 작은 수는 얼마일까요?
   ↗ 뺄셈을 해요.

   생각하며 푼다!

   $$4\frac{1}{2}-1\frac{2}{5}=4\frac{\square}{10}-1\frac{\square}{10}=\boxed{}$$

   분모를 통분해요.

   답 _____

2. $5\frac{1}{8}$보다 $3\frac{5}{12}$ 작은 수는 얼마일까요?

   > 🐶 대분수의 뺄셈에서 분수 부분끼리 뺄 수 없으면 **자연수 부분의 1을 분수로** 만들어 계산해요.

   생각하며 푼다!

   $$5\frac{1}{8}-3\frac{5}{12}=5\frac{\square}{24}-\boxed{}=4\frac{\square}{24}-\boxed{}=\boxed{}$$

   자연수 부분의 1을 $\frac{24}{24}$로 바꿔요.

   답 _____

3. 두 과일의 무게의 차는 몇 kg일까요?
   ↗ 뺄셈을 해요.

   $8\frac{1}{2}$ kg $2\frac{1}{5}$ kg

   생각하며 푼다!

   $$8\frac{1}{2}-2\frac{1}{5}=8\frac{\square}{10}-\boxed{}=\boxed{}$$ (kg)이므로 두 과일의 무게의 차는 $\boxed{}$ kg입니다.

   분모를 통분해요.

   답 _____ kg

   > 단위를 꼭 써요!

4. 분홍색 테이프의 길이는 보라색 테이프의 길이보다 몇 m 더 길까요?
   ↗ 뺄셈을 해요.

   $3\frac{5}{8}$ m $1\frac{3}{4}$ m

   생각하며 푼다!

   $$3\frac{5}{8}-1\frac{3}{4}=\underline{\hspace{6cm}}$$ (m)이므로 분홍색 테이프의

   길이는 보라색 테이프의 길이보다 $\boxed{}$ m 더 깁니다.

   답 _____

1. 페인트 $4\frac{1}{6}$ L 중에서 벽을 칠하는 데 $2\frac{5}{9}$ L를 사용했습니다. 남은 페인트의 양은 몇 L일까요?

빽셈을 해요.

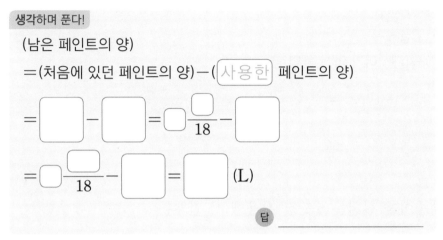

생각하며 푼다!

(남은 페인트의 양)

= (처음에 있던 페인트의 양) − (사용한) 페인트의 양)

= □ − □ = ○ $\dfrac{□}{18}$ − □

= ○ $\dfrac{□}{18}$ − □ = □ (L)

답 _____

2. 현지는 미술 시간에 테이프 $8\frac{2}{3}$ m 중에서 $3\frac{2}{5}$ m를 사용했습니다. 남은 테이프의 길이는 몇 m일까요?

생각하며 푼다!

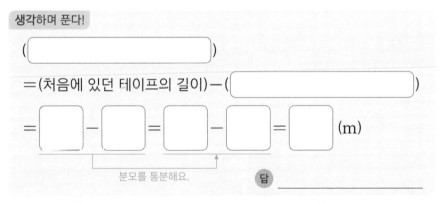

(_____)

= (처음에 있던 테이프의 길이) − (_____)

= □ − □ = □ − □ = □ (m)

분모를 통분해요.

답 _____

3. 밀가루 $2\frac{1}{2}$ kg 중에서 수제비를 만드는 데 $1\frac{1}{6}$ kg을 사용했습니다. 남은 밀가루의 양은 몇 kg일까요?

생각하며 푼다!

답 _____

계산 결과는 간단하게 기약분수로 나타내요.

1. 민지는 물을 $1\frac{3}{4}$ L 마셨고, 재석이는 $\frac{2}{3}$ L 마셨습니다. 민지는 재석이보다 물을 몇 L 더 많이 마셨을까요?

↳ 뺄셈을 해요.

생각하며 푼다!

(더 마신 물의 양)

=(민지가 마신 물의 양)−(재석이가 마신 물의 양)

= ☐ − ☐ = ☐ − ☐ = ☐ (L)

‾‾‾‾‾‾‾‾‾‾‾ ↑ 분모를 통분해요.

답 _____

2. 초대장을 만드는 데 색종이를 현서는 $6\frac{2}{5}$장 사용했고, 민채는 $4\frac{3}{8}$장 사용했습니다. 현서가 색종이를 몇 장 더 많이 사용했을까요?

생각하며 푼다!

(더 사용한 ☐☐☐☐)

=(현서가 사용한 색종이 수)−(☐☐☐☐☐☐☐☐☐☐)

= ☐ − ☐ = ☐ − ☐ = ☐ (장)

‾‾‾‾‾‾‾‾‾‾‾ ↑ 분모를 통분해요.

답 _____

3. 지영이는 설탕을 식빵을 만드는 데 $1\frac{5}{6}$컵, 케이크를 만드는 데 $3\frac{1}{4}$컵 사용했습니다. 지영이는 식빵보다 케이크를 만드는 데 설탕을 몇 컵 더 많이 사용했을까요?

생각하며 푼다!

답 _____

문제에서 숫자는 ◯, 조건 또는 구하는 것은 ___로 표시해 보세요.

1. 재민이는 수경이보다 $3\frac{1}{2}$ kg 더 가볍습니다. 수경이의 몸무게가 $45\frac{4}{7}$ kg일 때 재민이의 몸무게는 몇 kg일까요?

↳ 뺄셈을 해요.

생각하며 푼다!

(재민이의 몸무게)

= (이의 몸무게) − (더 가벼운 몸무게)

= □ − □ = □ − □ = □ (kg)

분모를 통분해요.

답 _____

2. 보라색 실의 길이는 $5\frac{3}{8}$ m이고, 주황색 실의 길이는 보라색 실의 길이보다 $1\frac{2}{5}$ m 더 짧습니다. 주황색 실의 길이는 몇 m일까요?

생각하며 푼다!

(주황색 실의 길이)

= (실의 길이) − (더 실의 길이)

= _____ (m)

답 _____

받아내림이 있는 대분수의 뺄셈이에요. 자연수에서 1을 받아내려 계산해야 해요.

3. 집에서 마트까지의 거리는 $1\frac{7}{10}$ km이고, 집에서 편의점까지의 거리는 집에서 마트까지의 거리보다 $1\frac{2}{15}$ km 더 가깝습니다. 집에서 편의점까지의 거리는 몇 km일까요?

생각하며 푼다!

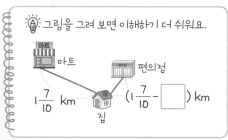

그림을 그려 보면 이해하기 더 쉬워요.

마트

편의점

$1\frac{7}{10}$ km $(1\frac{7}{10} - □)$ km

집

답 _____

1. 지우네 집에서 서점까지의 거리는 $2\frac{3}{5}$ km이고, 도서관까지의 거리는 $2\frac{5}{7}$ km입니다. 서점과 도서관 중 지우네 집에서 어느 곳이 몇 km 더 가까울까요?

↳ 더 먼 거리에서 더 가까운 거리를 빼요.

생각하며 푼다!

먼저 $2\frac{3}{5}$과 $2\frac{5}{7}$의 크기를 비교하면

$2\frac{3}{5}=2\frac{\boxed{}}{35}$ ◯ $2\frac{5}{7}=2\frac{\boxed{}}{35}$입니다.

따라서 _____ 이

$\boxed{2\frac{5}{7}} - \boxed{} =$ _____ (km)

더 가깝습니다.

답 _____ , _____

↑ 더 가까운 곳을 써요.   ↑ 거리의 차를 써요.

문제에서 숫자는 ◯, 조건 또는 구하는 것은 ___로 표시해 보세요.

해결 순서
❶ 통분하여 두 분수의 크기 비교하기
↓
❷ 더 긴 거리에서 더 짧은 거리를 빼어 몇 km 더 가까운지 구하기

대분수끼리의 크기를 비교할 때 자연수 부분이 같으면 진분수 부분의 크기만 비교해도 돼요.

2. 냉장고에 식혜가 $5\frac{1}{3}$ L, 매실이 $5\frac{3}{10}$ L 있습니다. 식혜와 매실 중 어느 것이 몇 L 더 많을까요?

풀이를 완성해요.

생각하며 푼다!

먼저 $5\frac{1}{3}$과 $5\frac{3}{10}$의 크기를 비교하면

답 _____ , _____

해결 순서
❶ 통분하여 두 분수의 크기 비교하기
↓
❷ 더 많은 양에서 더 적은 양을 빼어 몇 L 더 많은지 구하기

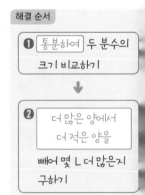

1. 수 카드를 한 번씩만 사용하여 만들 수 있는 가장 큰 대분수와 가장 작은 대분수의 차는 얼마인지 구하세요.

생각하며 푼다!

가장 큰 대분수는 [ ] 이고, 가장 작은 대분수는 [ ] 입니다.

따라서 가장 큰 대분수와 가장 작은 대분수의 차는

[ ] − [ ] = $5\dfrac{\boxed{}}{15}$ − [ ] = $4\dfrac{\boxed{}}{15}$ − [ ]

= [ ] 입니다.

답 _____

해결 순서

❶ 가장 큰 대분수 만들기
→ 자연수 부분에 가장 [큰] 수를 놓고, 나머지 수로 [진분수]를 만들어요.

↓

❷ 가장 작은 대분수 만들기
→ 자연수 부분에 가장 [작은] 수를 놓고, 나머지 수로 [진분수]를 만들어요.

2. 수 카드를 한 번씩만 사용하여 만들 수 있는 가장 큰 대분수와 가장 작은 대분수의 차는 얼마인지 구하세요.

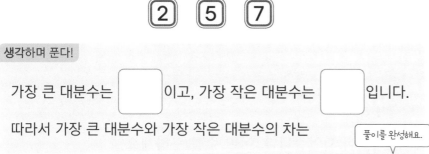

생각하며 푼다!

가장 큰 대분수는 [ ] 이고, 가장 작은 대분수는 [ ] 입니다.

따라서 가장 큰 대분수와 가장 작은 대분수의 차는

풀이를 완성해요.

답 _____

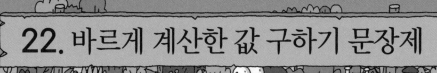

1. 어떤 수에 $\frac{4}{7}$ 를 더했더니 $\frac{2}{3}$ 가 되었습니다. 어떤 수를 구하세요.

↱ □라 하고 식을 써요.

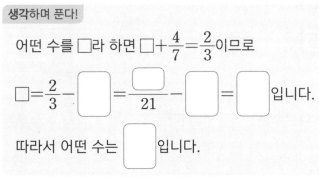

생각하며 푼다!

어떤 수를 □라 하면 $\square + \frac{4}{7} = \frac{2}{3}$ 이므로

$\square = \frac{2}{3} - \boxed{} = \frac{\boxed{}}{21} - \boxed{} = \boxed{}$ 입니다.

따라서 어떤 수는 $\boxed{}$ 입니다.

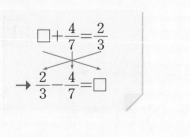

답 _____

2. 어떤 수에서 $\frac{7}{12}$ 을 뺐더니 $\frac{1}{4}$ 이 되었습니다. 어떤 수를 구하세요.

생각하며 푼다!

어떤 수를 □라 하면 $\square - \frac{7}{12} = \frac{1}{4}$ 이므로

기약분수

$\square = \frac{1}{4} + \boxed{} = \frac{\boxed{}}{12} + \boxed{} = \boxed{} = \boxed{}$ 입니다.

따라서 어떤 수는 $\boxed{}$ 입니다.

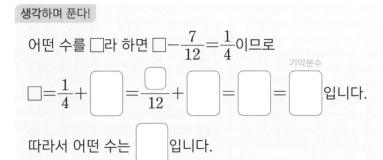
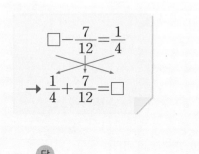

답 _____

3. 어떤 수에 $2\frac{1}{6}$ 을 더했더니 $7\frac{5}{8}$ 가 되었습니다. 어떤 수를 구하세요.

풀이를 완성해요.

생각하며 푼다!

어떤 수를 □라 하면

답 _____

4. 어떤 수에서 $2\frac{3}{4}$ 을 뺐더니 $1\frac{3}{10}$ 이 되었습니다. 어떤 수를 구하세요.

풀이를 완성해요.

생각하며 푼다!

답 _____

1. 어떤 수에 $\frac{1}{3}$을 ^{바른 계산} 더해야 할 것을 잘못하여 뺐더니 ^{잘못된 계산} $\frac{1}{2}$이 되었습니다. 바르게 계산하면 얼마인지 구하세요.

문제에서 숫자는 ◯,
조건 또는 구하는 것은 ____로
표시해 보세요.

생각하며 푼다!

어떤 수를 □라 하면 $\square - \frac{1}{3} = \frac{1}{2}$이므로 ← ❶

$$\square = \frac{1}{2} + \boxed{} = \frac{\boxed{}}{6} + \boxed{} = \boxed{} \text{ 입니다.} \quad \overset{\text{어떤 수}}{} \leftarrow ❷$$

따라서 바르게 계산하면

$$\overset{\text{어떤 수}}{\boxed{}} + \frac{1}{3} = \boxed{} + \frac{\boxed{}}{6} = \boxed{} = \overset{\text{대분수}}{\boxed{}} \text{ 입니다.} \quad \leftarrow ❸$$

답 _____

해결 순서

❶ 어떤 수를 □라 하여 잘못 계산한 식 쓰기

↓

❷ 어떤 수 구하기

↓

❸ 바르게 계산한 식을 쓰고 계산하기

2. 어떤 수에서 $\frac{2}{5}$를 ^{바른 계산} 빼야 할 것을 잘못하여 더했더니 ^{잘못된 계산} $\frac{13}{15}$이 되었습니다. 바르게 계산하면 얼마인지 구하세요.

생각하며 푼다!

어떤 수를 □라 하면 $\square + \frac{2}{5} = \frac{13}{15}$이므로

$$\square = \frac{13}{15} - \boxed{} = \frac{\boxed{}}{15} - \boxed{} = \overset{\text{어떤 수}}{\boxed{}} \text{ 입니다.}$$

따라서 바르게 계산하면

_____ 입니다.

답 _____

앗! 실수

구하는 것은 바르게 계산한 결과예요. 어떤 수만 구하고 멈추지 않도록 주의해요.

1. 어떤 수에 $\dfrac{1}{2}$을 더해야 할 것을 잘못하여 뺐더니 $\dfrac{4}{5}$가 되었습니다. 바르게 계산하면 얼마인지 구하세요.

문제에서 숫자는 ◯,
조건 또는 구하는 것은 ___로
표시해 보세요.

생각하며 푼다!

어떤 수를 ☐라 하면 $☐ - \dfrac{1}{2} = \dfrac{4}{5}$이므로 ← ❶

$☐ = \dfrac{4}{5} + \boxed{} = \boxed{} + \boxed{} = \dfrac{\boxed{}}{10} = \boxed{}$ 입니다. ← ❷

최소공배수로 통분해요.   어떤 수   대분수

따라서 바르게 계산하면

어떤 수
$\boxed{} + \dfrac{1}{2} = \boxed{} + \boxed{} = \boxed{} = \boxed{}$ 입니다. ← ❸

최소공배수로 통분해요.   기약분수

답 _____

해결 순서
❶ 어떤 수를 ☐라 하여
잘못 계산한 식 쓰기
↓
❷ 어떤 수 구하기
↓
❸ 바르게 계산한 식 을
쓰고 계산하기

2. 어떤 수에 $2\dfrac{2}{3}$를 더해야 할 것을 잘못하여 뺐더니 $1\dfrac{2}{9}$가 되었습니다. 바르게 계산하면 얼마인지 구하세요.

생각하며 푼다!

어떤 수를 ☐라 하면 $☐ - 2\dfrac{2}{3} = \boxed{}$이므로

$☐ = \boxed{} + \boxed{} = \boxed{} + \boxed{} = \boxed{}$ 입니다.

최소공배수로 통분해요.   어떤 수

따라서 바르게 계산하면

$= \boxed{} = \boxed{}$ 입니다.

최소공배수로 통분해요.

답 _____

1. 어떤 수에서 $\frac{1}{8}$을 빼야 할 것을 잘못하여 더했더니 $\frac{2}{3}$가 되었습니다. 바르게 계산하면 얼마인지 구하세요.

생각하며 푼다!

어떤 수를 □라 하면 □$+\frac{1}{8}=\frac{2}{3}$이므로 ← ❶

$$□=\frac{2}{3}-\boxed{}=\boxed{}-\boxed{}=\boxed{}\text{입니다.} ← ❷$$

어떤 수

최소공배수로 통분해요.

따라서 바르게 계산하면

어떤 수　　　　　　　　　　　　기약분수

$$\boxed{}-\frac{1}{8}=\boxed{}-\boxed{}=\boxed{}=\boxed{}\text{입니다.} ← ❸$$

최소공배수로 통분해요.

답 _____

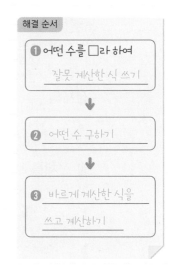

해결 순서

❶ 어떤 수를 □라 하여
　 잘못 계산한 식 쓰기

↓

❷ 어떤 수 구하기

↓

❸ 바르게 계산한 식을
　 쓰고 계산하기

2. 어떤 수에서 $1\frac{1}{5}$을 빼야 할 것을 잘못하여 더했더니 $5\frac{3}{4}$이 되었습니다. 바르게 계산하면 얼마인지 구하세요.

생각하며 푼다!

어떤 수를 □라 하면 □$+1\frac{1}{5}=\boxed{}$이므로

어떤 수

$$□=\boxed{}-\boxed{}=\boxed{}-\boxed{}=\boxed{}\text{입니다.}$$

최소공배수로 통분해요.

따라서 바르게 계산하면

$$\underline{}=\underline{}=\boxed{}\text{입니다.}$$

최소공배수로 통분해요.

답 _____

23. 분수의 덧셈과 뺄셈 활용 문장제

1. 밭 전체의 $\frac{3}{4}$ 에는 배추를 심고, 밭 전체의 $\frac{1}{6}$ 에는 상추는 심었습니다. 배추와 상추를 심고 남은 부분은 전체의 얼마일까요?

문제에서 숫자는 ◯,
조건 또는 구하는 것은 ____로
표시해 보세요.

생각하며 푼다!

배추와 상추를 심은 부분은

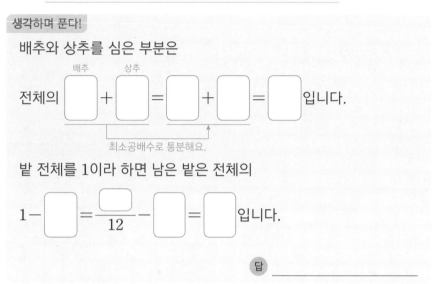

배추   상추

전체의 ☐ + ☐ = ☐ + ☐ = ☐ 입니다.

최소공배수로 통분해요.

밭 전체를 1이라 하면 남은 밭은 전체의

$1 - $ ☐ $= \dfrac{\square}{12} - $ ☐ $= $ ☐ 입니다.

답 _____

밭 전체를 1로
보고 계산해요.

2. 불고기맛 피자가 한 판 있습니다. 효진이는 전체의 $\frac{3}{8}$ 을 먹었고, 지영이는 전체의 $\frac{5}{12}$ 를 먹었습니다. 효진이와 지영이가 먹고 남은 부분은 전체의 얼마일까요?

풀이를 완성해요.

생각하며 푼다!

효진이와 지영이가 먹은 피자는

피자 전체를 1로
보고 계산해요.

답 _____

1. 사과 농장에서 사과를 민혁이는 $3\frac{2}{5}$ kg 땄고, 재석이는 민혁이
보다 $1\frac{3}{10}$ kg 더 적게 땄습니다. 민혁이와 재석이가 딴 사과의
무게는 모두 몇 kg일까요?

생각하며 푼다!

(재석 이가 딴 사과의 무게)

＝(☐이가 딴 사과의 무게)－(더 적게 딴 사과의 무게)

＝☐－☐＝_____ (kg) ← ❶

(민혁이와 재석이가 딴 사과의 무게)

(☐이가 딴 사과의 무게)＋(재석이가 딴 사과의 무게)

＝☐＋☐＝_____ (kg) ← ❷

답 _____

해결 순서
❶ 재석이가 딴 사과의 무게 구하기
↓
❷ 민혁이와 재석이가 딴 사과의 무게의 합 구하기

2. 물을 서준이는 $1\frac{1}{6}$ L 마셨고, 윤진이는 서준이보다 $\frac{1}{4}$ L 더 적게
마셨습니다. 두 사람이 마신 물의 양은 모두 몇 L일까요?

생각하며 푼다!

(윤진이가 마신 물의 양)

＝(☐이가 마신 물의 양)－(☐ 물의 양)

＝_____ (L)

(두 사람이 마신 물의 양)

(☐이가 마신 물의 양)＋(윤진이가 마신 물의 양)

＝_____ (L)

답 _____

통분을 할 땐 **최소공배수**를 공통분모로 하여 통분해요.

1. 하은이네 가족은 돼지고기 $1\dfrac{7}{10}$ kg과 닭고기 $4\dfrac{1}{6}$ kg을 샀습니다. 이 중에서 $3\dfrac{2}{3}$ kg을 먹었다면 남은 고기는 몇 kg일까요?

↳ 뺄셈을 해요.

생각하며 푼다!

돼지고기 닭고기

(전체 고기의 무게)= ☐ + ☐

= _____ (kg)

(남은 고기의 무게)

=(전체 고기의 무게)−(☐ 고기의 무게)

= ☐ − ☐ = _____ (kg)

답 _____

문제에서 숫자는 ◯,
조건 또는 구하는 것은 ___로
표시해 보세요.

계산 결과는 기약분수로
간단하게 나타내요.

2. 혜주는 초록색 테이프 $2\dfrac{4}{7}$ m와 노란색 테이프 $\dfrac{2}{3}$ m를 가지고 있습니다. 이 중에서 $\dfrac{5}{6}$ m를 미술 시간에 사용했다면 남은 색 테이프의 길이는 몇 m일까요?

생각하며 푼다!

(전체 색 테이프의 길이)

=(초록색 테이프의 길이)+(☐ 테이프의 길이)

= _____ (m) ← ❶

(남은 색 테이프의 길이)

=(☐ 색 테이프의 길이)−(☐ 색 테이프의 길이)

= _____ (m) ← ❷

답 _____

해결 순서

❶ 두 색 테이프 길이의
합 구하기

↓

❷ 남은 색 테이프 의
길이 구하기

1. 색 테이프 2장을 그림과 같이 겹쳐지게 이어 붙였습니다. 이어 붙인 색 테이프 전체의 길이는 몇 m일까요?

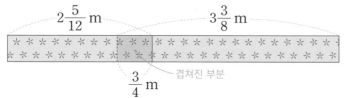

$2\frac{5}{12}$ m $3\frac{3}{8}$ m

겹쳐진 부분

$\frac{3}{4}$ m

생각하며 푼다!

(색 테이프 2장의 길이의 합)

= ☐ + ☐ = _____ (m)

(이어 붙인 색 테이프 전체의 길이)

= (색 테이프 2장 의 길이의 합) − (겹쳐진 부분의 길이)

= ☐ − ☐ = _____ (m)

답 _____

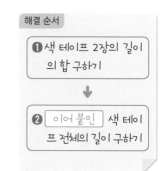

해결 순서

❶ 색 테이프 2장의 길이의 합 구하기

↓

❷ 이어 붙인 색 테이프 전체의 길이 구하기

2. 길이가 $1\frac{3}{7}$ m, $2\frac{1}{6}$ m인 색 테이프 2장을 $\frac{1}{2}$ m가 겹쳐지게 이어 붙였습니다. 이어 붙인 색 테이프 전체의 길이는 몇 m일까요?

생각하며 푼다!

(색 테이프 2장의 길이의 합)

= _____ (m)

(이어 붙인 색 테이프 전체의 길이)

= (_____) − (☐ 부분의 길이)

= _____ (m)

답 _____

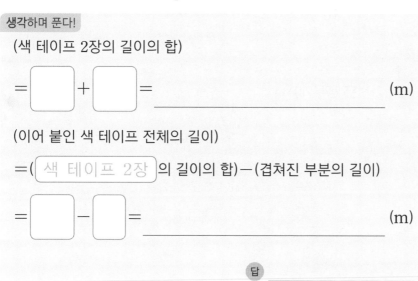

그림을 그려서 생각해 봐요.

☐ m ☐ m

☐ m

1. 수민이의 몸무게는 동생보다 $3\frac{7}{10}$ kg 더 무겁습니다. 수민이의 몸무게가 $45\frac{1}{6}$ kg일 때 두 사람의 몸무게의 합은 몇 kg일까요?

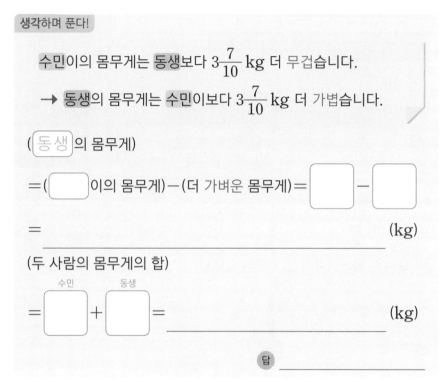

생각하며 푼다!

수민이의 몸무게는 동생보다 $3\frac{7}{10}$ kg 더 무겁습니다.

→ 동생의 몸무게는 수민이보다 $3\frac{7}{10}$ kg 더 가볍습니다.

(동생 의 몸무게)

=(☐ 이의 몸무게)−(더 가벼운 몸무게)= ☐ − ☐

= _____ (kg)

(두 사람의 몸무게의 합)

수민   동생

= ☐ + ☐ = _____ (kg)

답 _____

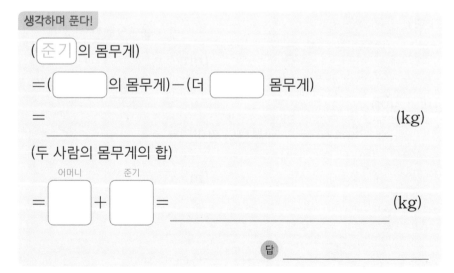

2. 준기의 몸무게는 어머니보다 $7\frac{5}{9}$ kg 더 가볍습니다. 어머니의 몸무게가 $54\frac{2}{3}$ kg일 때 두 사람의 몸무게의 합은 몇 kg일까요?

생각하며 푼다!

(준기 의 몸무게)

=(☐ 의 몸무게)−(더 ☐ 몸무게)

= _____ (kg)

(두 사람의 몸무게의 합)

어머니   준기

= ☐ + ☐ = _____ (kg)

답 _____

앗! 실수

'~더 무겁습니다.'를 보고 동생의 몸무게를 구할 때 덧셈을 하면 안돼요. 수민이의 몸무게가 주어졌으므로 동생의 몸무게를 구하려면 뺄셈을 해야 하는 것에 주의해요.

준기의 몸무게는 어머니보다

$7\frac{5}{9}$ kg 더 가볍습니다.

→ 어머니의 몸무게는

준기보다 $7\frac{5}{9}$ kg

더 무겁습니다.

1. 식혜가 1 L 있습니다. 서현이는 $\frac{2}{9}$ L를 마셨고, 지성이는 서현

   이보다 $\frac{1}{5}$ L를 더 마셨습니다. 남은 식혜는 몇 L일까요?

   ↘ $+\frac{1}{5}$ L   ↘ 뺄셈을 해요.

   생각하며 푼다!

   (지성 이가 마신 식혜의 양)

   =(⬜ 이가 마신 식혜의 양)+(⬜ 식혜의 양)

   = _____ (L)

   (두 사람이 마신 식혜의 양)

   =(서현이가 마신 식혜의 양)+(⬜)

   = _____ (L)

   (남은 식혜의 양)=1− _____ (L)

   답 _____

통분을 할 때
최소공배수를
공통분모로 하여
통분해요.

2. 철사가 2 m 있습니다. 미술 시간에 민영이가 $\frac{5}{12}$ m를 사용했고,

   희서는 민영이보다 $\frac{1}{4}$ m를 적게 사용했습니다. 남은 철사의 길이

   는 몇 m일까요?

   생각하며 푼다!

   (희서가 사용한 철사의 길이)

   = _____ (m)

   (두 사람이 사용한 철사의 길이)

   = _____ (m)

   (남은 철사의 길이)

   = _____ (m)

   답 _____

5. 분수의 덧셈과 뺄셈

1. 주스를 시은이는 $\frac{2}{5}$ L 마셨고, 준성이는 시은이보다 $\frac{1}{4}$ L 더 마셨습니다. 준성이가 마신 주스는 몇 L일까요?

(   )

2. 수 카드를 한 번씩만 사용하여 대분수를 만들려고 합니다. 만들 수 있는 가장 큰 대분수와 가장 작은 대분수의 합과 차를 구하세요. (20점)

③   ④   ⑤

합 (   )

차 (   )

3. 길이가 $3\frac{4}{9}$ m인 빨간색 끈과 $4\frac{1}{2}$ m인 노란색 끈을 겹치지 않게 이었습니다. 이은 색 끈의 길이는 모두 몇 m일까요?

(   )

4. 지우는 농장에서 딸기를 $\frac{5}{7}$ kg 땄고, 연서는 지우보다 $\frac{2}{5}$ kg 더 적게 땄습니다. 연서가 딴 딸기는 몇 kg일까요?

(   )

5. 소정이는 경민이보다 $2\frac{3}{10}$ kg 더 가볍습니다. 경민이의 몸무게가 $42\frac{3}{4}$ kg일 때 소정이의 몸무게는 몇 kg일까요?

(   )

6. 어떤 수에 $2\frac{1}{6}$을 더해야 할 것을 잘못하여 뺐더니 $1\frac{5}{12}$가 되었습니다. 바르게 계산하면 얼마인지 구하세요. (20점)

(   )

7. 철사가 1 m 있습니다. 미술 시간에 민영이가 $\frac{7}{20}$ m를 사용했고, 희서는 민영이보다 $\frac{1}{8}$ m를 더 사용했습니다. 남은 철사의 길이는 몇 m일까요? (20점)

(   )

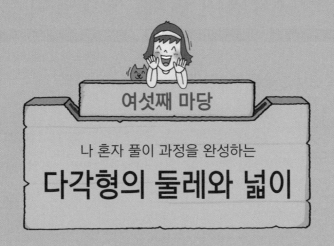

여섯째 마당

나 혼자 풀이 과정을 완성하는

다각형의 둘레와 넓이

여섯째 마당에서는 **다각형의 둘레와 넓이를 활용한 문장제**를 배웁니다.
다각형의 둘레와 넓이를 구하는 공식은 외워서 바로 떠오르게 연습해야
시간을 단축할 수 있어요. 공식의 원리를 생각하면서 완벽하게 외워 봐요.

'마름모의 넓이'는 직사각형의 넓이를 이용하면 '직사각형의 넓이의 반'과 같아요. 식이 바로 떠오르지 않는다면 그림을 그려 봐도 좋아요!

24. 정다각형의 둘레, 사각형의 둘레 문장제

1. 한 변의 길이가 4 cm인 정삼각형의 둘레는 몇 cm일까요?

세 변의 길이가 같아요.

한 변 4 cm
한 변

생각하며 푼다!

(정삼각형의 둘레)=(한 변의 길이)×(변의 수)

$$= 4 \times \boxed{} = \boxed{} \text{ (cm)}$$

답 _____ cm

단위를 꼭 써요!

2. 한 변의 길이가 6 cm인 정오각형의 둘레는 몇 cm일까요?

다섯 변의 길이가 같아요.

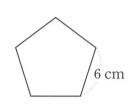

6 cm

생각하며 푼다!

(정오각형의 둘레)=(한 변의 길이)×(변의 수)

$$= 6 \times \boxed{} = \boxed{} \text{ (cm)}$$

답 _____

3. 가로가 5 cm, 세로가 3 cm인 직사각형의 둘레는 몇 cm일까요?

마주 보는 두 변의 길이가 각각 같아요.

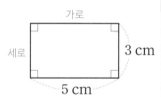

가로
세로 3 cm
5 cm

생각하며 푼다!

(직사각형의 둘레)=((가로)+(세로))×2

$$= (5 + \boxed{}) \times 2 = \boxed{} \times 2 = \boxed{} \text{ (cm)}$$

답 _____

4. 두 변의 길이가 각각 6 cm, 4 cm인 평행사변형의 둘레는 몇 cm일까요?

마주 보는 두 변의 길이가 각각 같아요.

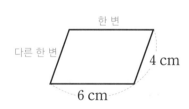

한 변
다른 한 변 4 cm
6 cm

생각하며 푼다!

(평행사변형의 둘레)=((한 변의 길이)+(다른 한 변의 길이))×2

$$= (6 + \boxed{}) \times 2 = \boxed{} \times 2 = \boxed{} \text{ (cm)}$$

답 _____

5. 한 변의 길이가 8 cm인 마름모의 둘레는 몇 cm일까요?

네 변의 길이가 모두 같아요.

한 변 8 cm
한 변 한 변

생각하며 푼다!

(마름모의 둘레)=(한 변의 길이)×4=8×$\boxed{}$=$\boxed{}$ (cm)

답 _____

1. 정오각형의 둘레가 20 cm일 때 한 변의 길이는 몇 cm일까요?

생각하며 푼다!

(정오각형의 한 변의 길이)

=(둘레)÷(변의 수)

=☐÷☐=☐(cm)

💡 그림을 그려서 생각해 봐요.

둘레
20 cm

(둘레)=(한 변의 길이)×5

→ (한 변의 길이)=(둘레)÷5

답 _____

2. 마름모의 둘레가 28 cm일 때 한 변의 길이는 몇 cm일까요?

생각하며 푼다!

(마름모의 한 변의 길이)

=(☐)÷(변의 수)

=☐÷☐=☐(cm)

💡 그림을 그려서 생각해 봐요.

마름모는 네 변의 길이가 모두 같아요.

답 _____

3. 직사각형의 둘레가 16 cm일 때 세로는 몇 cm일까요?

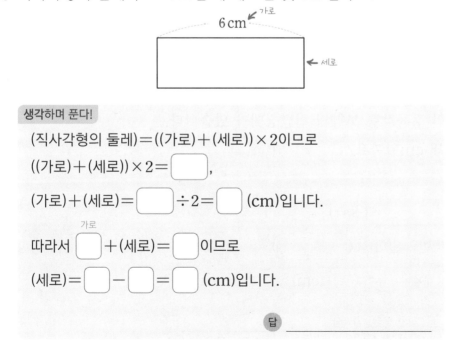

6 cm ← 가로

← 세로

생각하며 푼다!

(직사각형의 둘레)=((가로)+(세로))×2이므로

((가로)+(세로))×2=☐,

(가로)+(세로)=☐÷2=☐(cm)입니다.

따라서 ☐(가로)+(세로)=☐이므로

(세로)=☐-☐=☐(cm)입니다.

답 _____

1. 한 변의 길이가 12 cm인 정사각형 모양의 색종이가 있습니다.
   이 색종이의 둘레는 몇 cm일까요?

   생각하며 푼다!

   (색종이의 둘레) = (정사각형의 둘레)

   = (한 변의 길이) × (☐의 수)

   = ☐ × ☐ = ☐ (cm)

   답 _____

둘레를 구하는 방법을 정리
해 볼까요?
정다각형과 마름모는
(둘레)
= (한 변의 길이) × (변의 수)

2. 가로가 10 cm, 세로가 5 cm인 직사각형 모양의 수첩이 있습니다. 이 수첩의 둘레는 몇 cm일까요?

   생각하며 푼다!

   (수첩의 둘레) = (직사각형의 둘레)

   = ((가로) + (☐)) × 2

   = (☐ + ☐) × 2

   = ☐ × 2 = ☐ (cm)

   답 _____

마주 보는 변의 길이가 같은
직사각형과 평행사변형은
(둘레)
= (서로 다른 두 변의 길이의 합) ×

3. 한 변의 길이가 4 cm인 정육각형 모양의 컵받침대가 있습니다.
   이 컵받침대의 둘레는 몇 cm일까요?

   생각하며 푼다!

   (컵받침대의 둘레) = (☐의 둘레)

   = (한 변의 길이) × (☐)

   = ☐ × ☐ = ☐ (cm)

   답 _____

1. 두 정다각형의 둘레는 같습니다. 정육각형의 한 변의 길이는 몇 cm일까요?

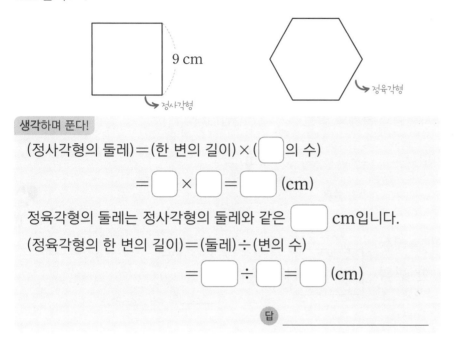

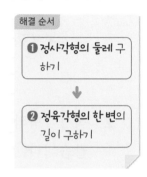

해결 순서

❶ 정사각형의 둘레 구하기

❷ 정육각형의 한 변의 길이 구하기

생각하며 푼다!

(정사각형의 둘레)=(한 변의 길이)×(☐의 수)

　　　　　　　=☐×☐=☐ (cm)

정육각형의 둘레는 정사각형의 둘레와 같은 ☐ cm입니다.

(정육각형의 한 변의 길이)=(둘레)÷(변의 수)

　　　　　　　=☐÷☐=☐ (cm)

답 _____

2. 정삼각형과 둘레가 같은 마름모가 있습니다. 마름모의 한 변의 길이는 몇 cm일까요?

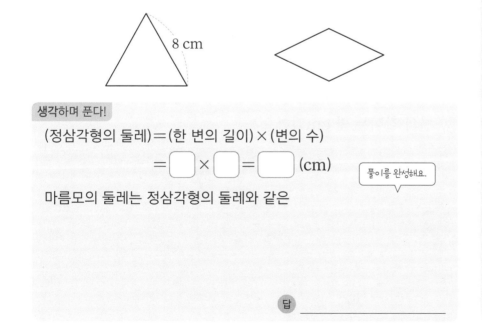

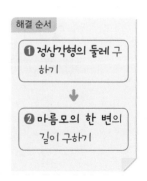

해결 순서

❶ 정삼각형의 둘레 구하기

❷ 마름모의 한 변의 길이 구하기

생각하며 푼다!

(정삼각형의 둘레)=(한 변의 길이)×(변의 수)

　　　　　　　=☐×☐=☐ (cm)

풀이를 완성해요.

마름모의 둘레는 정삼각형의 둘레와 같은

답 _____

1. 평행사변형과 정오각형의 둘레
는 같습니다. 정오각형의 한 변
의 길이는 몇 cm일까요?

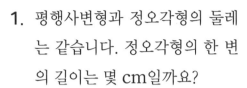 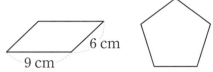

6 cm
9 cm

입으로 말하며 한 번 더
외워 봐요.

(평행사변형의 둘레)
=((한 변의 길이)
 +(다른 한 변의 길이))×2

(정오각형의 한 변의 길이)
=(둘레)÷5

생각하며 푼다!

다른 한 변
(평행사변형의 둘레)=(9+ ☐)×2= ☐ ×2= ☐ (cm)

정오각형의 둘레는 평행사변형의 둘레와 같은 ☐ cm입니다.

둘레   변의 수
(정오각형의 한 변의 길이)= ☐ ÷ ☐ = ☐ (cm)

답 _____

2. 직사각형과 정육각형의 둘레는
같습니다. 정육각형의 한 변의
길이는 몇 cm일까요?

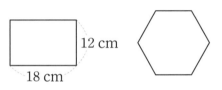

12 cm
18 cm

생각하며 푼다!

가로   세로
(직사각형의 둘레)=(_____ + _____)×2= ☐ (cm)

정육각형의 둘레는

직사각형의 _____ 입니다.

(정육각형의 한 변의 길이)= _____ = ☐ (cm)

답 _____

3. 가로가 10 cm, 세로가 4 cm인 직사각형과 둘레가 같은 마름모
가 있습니다. 마름모의 한 변의 길이는 몇 cm일까요?

생각하며 푼다!

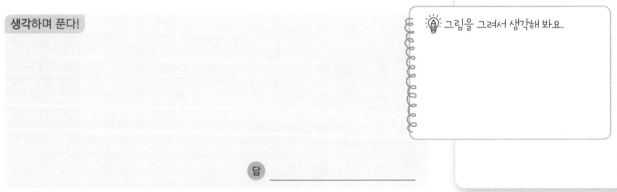

그림을 그려서 생각해 봐요.

답 _____

1. 둘레는 50 cm이고 세로가 가로보다 5 cm 더 긴 직사각형이 있습니다. 이 직사각형의 가로는 몇 cm일까요?

> **생각하며 푼다!**
>
> 직사각형의 가로를 ★ cm, 세로를 (★ +5) cm라 하면
>
> 가로 ⌐세로⌐ 둘레
> (★ +★ +5) × 2 = ☐ , ★ +★ +5 = ☐ ,
>
> ★ +★ = ☐ −5 = ☐ , ★ = ☐ 입니다.
>
> 따라서 직사각형의 가로는 ☐ cm입니다.
>
> 답 _____

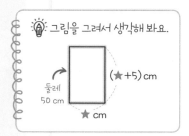
💡 그림을 그려서 생각해 봐요.

2. 둘레는 34 cm이고 세로가 가로보다 3 cm 더 긴 직사각형이 있습니다. 이 직사각형의 세로는 몇 cm일까요?

> **생각하며 푼다!**
>
> 직사각형의 가로를 ★ cm, 세로를 (★ +3) cm라 하면
>
> (★ +★ +3) × 2 = ☐ , ★ +★ +3 = ☐ ,
>
> ★ +★ = ☐ −3 = ☐ , ★ = ☐ 입니다.
>
> 따라서 직사각형의 세로는 ★ +3 = ☐ +3 = ☐ (cm)입니다.
>
> 답 _____

💡 그림을 그려서 생각해 봐요.

3. 둘레는 60 cm이고 세로가 가로보다 2 cm 더 긴 직사각형이 있습니다. 이 직사각형의 세로는 몇 cm일까요?

풀이를 완성해요.

> **생각하며 푼다!**
>
> 직사각형의 가로를 ★ cm, 세로를 (★ +2) cm라 하면
>
> 답 _____

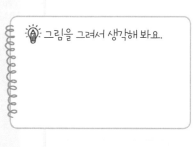
💡 그림을 그려서 생각해 봐요.

25. 직사각형의 넓이, 정사각형의 넓이 문장제

문제에서 숫자는 ◯,
조건 또는 구하는 것은 ＿＿로
표시해 보세요.

1. 가로가 ⑥ cm, 세로가 ⑪ cm인 직사각형 모양의 메모지가 있습니다. 이 <u>메모지의 넓이</u>는 몇 cm²일까요?

↳ (메모지의 넓이)=(직사각형의 넓이)

생각하며 푼다!

(메모지의 넓이)=(직사각형의 넓이)

  =(가로)×(세로)

  =☐×☐=☐ (cm²)

답 ＿＿＿＿＿＿＿＿＿ cm²

단위를 꼭 써요!

(직사각형의 넓이)
=(〔가로〕)×(〔세로〕)

2. 한 변의 길이가 9 cm인 정사각형 모양의 백설기 떡이 있습니다. 이 떡의 넓이는 몇 cm²일까요?

↳ (떡의 넓이)=(정사각형의 넓이)

생각하며 푼다!

(떡의 넓이)=(정사각형의 넓이)

  =(한 변의 길이)×(한 변의 길이)

  =☐×☐=☐ (cm²)

답 ＿＿＿＿＿＿＿＿＿

(정사각형의 넓이)
=(〔한 변의 길이〕)
×(〔한 변의 길이〕)

3. 가로가 20 cm, 세로가 4 cm인 직사각형 모양의 케이크와 한 변의 길이가 8 cm인 정사각형 모양의 케이크가 있습니다. 어느 모양의 케이크 넓이가 더 넓을까요?

생각하며 푼다!

답 ＿＿＿＿＿＿＿＿＿

1. 둘레가 40 cm인 정사각형이 있습니다. 이 정사각형의 넓이는 몇 cm²일까요?

생각하며 푼다!

(정사각형의 한 변의 길이)=(둘레)÷(변의 수)

$$= \boxed{} ÷ \boxed{} = \boxed{} \text{(cm)}$$

(정사각형의 넓이)=(한 변의 길이)×(한 변의 길이)

$$= \boxed{} × \boxed{} = \boxed{} \text{(cm}^2)$$

답 _____

해결 순서

❶ 둘레를 이용하여 정사각형의 **한 변**의 길이 구하기

↓

❷ 정사각형의 **넓이** 구하기

2. 다음 정다각형과 둘레가 같은 정사각형의 넓이는 몇 cm²일까요?

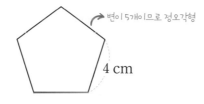

변이 5개이므로 정오각형

4 cm

생각하며 푼다!

(정다각형의 둘레)=(한 변의 길이)×(변의 수)

$$= \boxed{} × \boxed{} = \boxed{} \text{(cm)}$$

정사각형의 둘레는 주어진 정다각형의 둘레와 같은 $\boxed{}$ cm입니다.

(정사각형의 한 변의 길이)=(둘레)÷($\boxed{}$)

$$= \boxed{} ÷ \boxed{} = \boxed{} \text{(cm)}$$

(정사각형의 넓이)=(한 변의 길이)×(한 변의 길이)

$$= \boxed{} × \boxed{} = \boxed{} \text{(cm}^2)$$

답 _____

해결 순서

❶ **한 변**의 길이를 이용하여 정다각형의 **둘레** 구하기

↓

❷ 정사각형의 **한 변**의 길이 구하기

↓

❸ 정사각형의 **넓이** 구하기

1. 넓이가 96 cm²이고 가로가 12 cm인 직사각형이 있습니다. 이 직사각형의 세로는 몇 cm일까요?

문제에서 숫자는 ◯,
조건 또는 구하는 것은 ___로
표시해 보세요.

96 cm²

12 cm

생각하며 푼다!

직사각형의 세로를 ☐ cm라 하면   가로 ☐ × ☐ = ☐ 넓이 ,

☐ = ☐ ÷ ☐ = ☐ 입니다.

따라서 직사각형의 세로는 ☐ cm입니다.

답 _____

구하는 것을 ☐라 하고
넓이를 구하는 식을
세우는 게 핵심이에요~

2. 어떤 정사각형의 넓이는 36 cm²입니다. 이 정사각형의 한 변의 길이는 몇 cm일까요?

생각하며 푼다!

정사각형의 한 변의 길이를 ☐ cm라 하면 ☐ × ☐ = ☐ ,

6 × 6 = ☐ 이므로 ☐ = ☐ 입니다.

따라서 정사각형의 한 변의 길이는 ☐ cm입니다.

답 _____

3. 넓이가 63 cm²이고 가로가 9 cm인 직사각형 모양의 초콜릿이 있습니다. 이 초콜릿의 세로는 몇 cm일까요?

↳ (초콜릿의 세로)=(직사각형의 세로)

풀이를 완성해요.

생각하며 푼다!

초콜릿의 세로를 ☐ cm라 하면

답 _____

1. 한 변의 길이가 8 cm인 정사각형의 가로를 2 cm 늘이고, 세로를 3 cm 줄여서 직사각형을 만들었습니다. 만든 직사각형의 넓이는 몇 cm²일까요?
   <small>→ 덧셈을 해요.</small>
   <small>→ 뺄셈을 해요.</small>

   생각하며 푼다!

   (직사각형의 가로)=8+☐=☐ (cm)

   (직사각형의 세로)=8−☐=☐ (cm)

   (직사각형의 넓이)=(가로)×(세로)

   　　　　　　　　=☐×☐=☐ (cm²)

   답 _____

   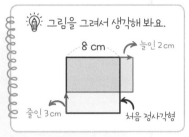
   💡 그림을 그려서 생각해 봐요.
   8 cm / 늘인 2 cm / 줄인 3 cm / 처음 정사각형

   해결 순서
   ❶ 늘인 후의 **가로**의 길이 구하기
   ↓
   ❷ 줄인 후의 **세로**의 길이 구하기
   ↓
   ❸ 직사각형의 **넓이** 구하기

2. 한 변의 길이가 10 cm인 정사각형의 가로를 5 cm 줄이고, 세로를 6 cm 늘여서 직사각형을 만들었습니다. 만든 직사각형의 넓이는 몇 cm²일까요?

   생각하며 푼다!

   (직사각형의 가로)=10−☐=☐ (cm)

   (직사각형의 세로)=_____=☐ (cm)

   (직사각형의 넓이)=(가로)×(세로)

   　　　　　　　　=_____=☐ (cm²)

   <small>식을 써요.</small>

   답 _____

   💡 정사각형을 그린 다음 만든 직사각형을 그려 봐요.

3. 한 변의 길이가 12 cm인 정사각형의 가로를 4 cm 줄이고, 세로를 3 cm 늘여서 직사각형을 만들었습니다. 만든 직사각형의 넓이는 몇 cm²일까요?

   생각하며 푼다!

   (직사각형의 가로)=

   <small>풀이를 완성해요.</small>

   답 _____

   💡 정사각형을 그린 다음 만든 직사각형을 그려 봐요.

1. 직사각형 가와 정사각형 나의 넓이가 같을 때 직사각형 가의 가로
는 몇 cm일까요?

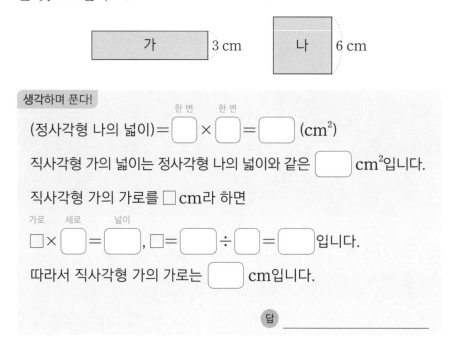

가 3 cm   나 6 cm

생각하며 푼다!

(정사각형 나의 넓이)= ⬜ × ⬜ = ⬜ (cm²)

한 변   한 변

직사각형 가의 넓이는 정사각형 나의 넓이와 같은 ⬜ cm²입니다.

직사각형 가의 가로를 ☐ cm라 하면

가로 세로 넓이

☐ × ⬜ = ⬜ , ☐ = ⬜ ÷ ⬜ = ⬜ 입니다.

따라서 직사각형 가의 가로는 ⬜ cm입니다.

답 _____

2. 직사각형 가와 정사각형 나의 넓이가 같을 때 직사각형 가의 가로
는 몇 cm일까요?

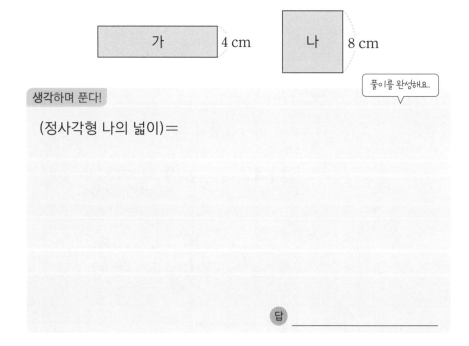

가 4 cm   나 8 cm

풀이를 완성해요.

생각하며 푼다!

(정사각형 나의 넓이)=

답 _____

1. 평행사변형의 넓이는 몇 cm²일까요?

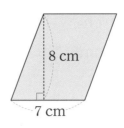

> **생각하며 푼다!**
>
> (평행사변형의 넓이)=(밑변의 길이)×(높이)
>
> =□×□=□ (cm²)
>
> 답 _____

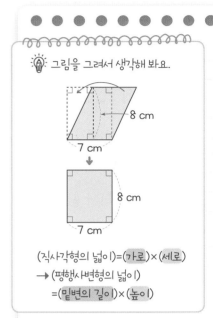

🔆 그림을 그려서 생각해 봐요.

(직사각형의 넓이)=(가로)×(세로)
→ (평행사변형의 넓이)
  =(밑변의 길이)×(높이)

2. 밑변의 길이가 11 cm이고, 높이가 6 cm인 삼각형의 넓이는 몇 cm²일까요?

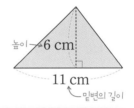

> **생각하며 푼다!**
>
> (삼각형의 넓이)=(밑변의 길이)×(높이)÷2
>
> =□×□÷2
>
> =□÷2=□ (cm²)
>
> 답 _____

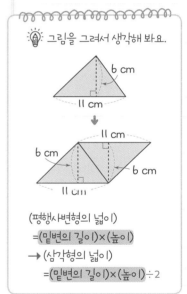

🔆 그림을 그려서 생각해 봐요.

(평행사변형의 넓이)
=(밑변의 길이)×(높이)
→ (삼각형의 넓이)
  =(밑변의 길이)×(높이)÷2

3. 밑변의 길이가 3 cm이고, 높이가 9 cm인 평행사변형 모양의 나무 조각판의 넓이는 몇 cm²일까요?

> **생각하며 푼다!**
>
>
> 답 _____

밑변은 평행한 두 변이고, 높이는 평행한 두 밑변 사이의 거리예요.

1. 평행사변형의 넓이는 ◯60◯ cm²입니다. 밑변의 길이가 ◯15◯ cm일 때 <u>평행사변형의 높이</u>는 몇 cm일까요?

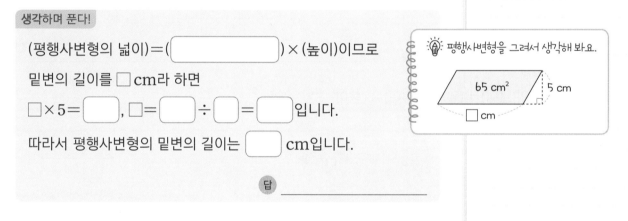

생각하며 푼다!

(평행사변형의 넓이)=(밑변의 길이)×(⬚)이므로

높이를 ⬚ cm라 하면

15×⬚=⬚ , ⬚=⬚÷⬚=⬚ 입니다.

따라서 평행사변형의 높이는 ⬚ cm입니다.

답 _____

💡 평행사변형을 그려서 생각해 봐요.

60 cm² ⬚ cm
15 cm

2. 평행사변형의 넓이는 65 cm²입니다. 높이가 5 cm일 때 평행사변형의 밑변의 길이는 몇 cm일까요?

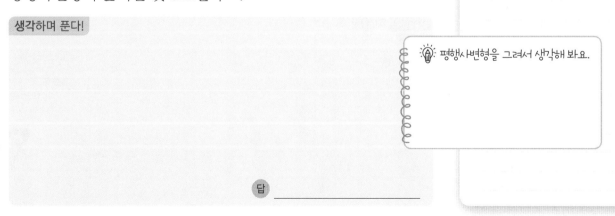

생각하며 푼다!

(평행사변형의 넓이)=(⬚⬚⬚⬚⬚)×(높이)이므로

밑변의 길이를 ⬚ cm라 하면

⬚×5=⬚ , ⬚=⬚÷⬚=⬚ 입니다.

따라서 평행사변형의 밑변의 길이는 ⬚ cm입니다.

답 _____

💡 평행사변형을 그려서 생각해 봐요.

65 cm² 5 cm
⬚ cm

3. 평행사변형의 넓이는 42 cm²입니다. 밑변의 길이가 3 cm일 때 평행사변형의 높이는 몇 cm일까요?

생각하며 푼다!

💡 평행사변형을 그려서 생각해 봐요.

답 _____

1. 삼각형의 넓이는 20 cm²입니다. 밑변의 길이가 8 cm일 때 삼각형의 높이는 몇 cm일까요?

생각하며 푼다!

(삼각형의 넓이)=(밑변의 길이)×(◻️)÷2이므로

높이를 ◻️ cm라 하면 8×◻️÷2=◻️,

8×◻️=◻️, ◻️=◻️÷◻️=◻️입니다.

따라서 삼각형의 높이는 ◻️ cm입니다.

답 _____

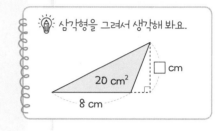
삼각형을 그려서 생각해 봐요.

2. 삼각형의 넓이는 24 cm²입니다. 높이가 4 cm일 때 삼각형의 밑변의 길이는 몇 cm일까요?

생각하며 푼다!

(삼각형의 넓이)=(◻️)×(높이)÷◻️이므로

밑변의 길이를 ◻️ cm라 하면 ◻️×4÷2=◻️,

◻️×4=◻️, ◻️=◻️÷◻️=◻️입니다.

따라서 삼각형의 밑변의 길이는 ◻️ cm입니다.

답 _____

삼각형을 그려서 생각해 봐요.

3. 삼각형의 넓이는 21 cm²입니다. 밑변의 길이가 7 cm일 때 삼각형의 높이는 몇 cm일까요?

생각하며 푼다!

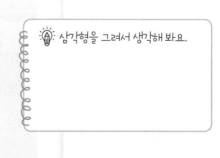
삼각형을 그려서 생각해 봐요.

답 _____

1. 직사각형의 넓이와 평행사변형의 넓이는 같습니다. 평행사변형의 밑변의 길이는 몇 cm일까요?

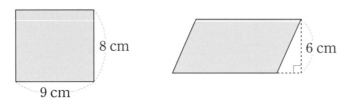

8 cm
9 cm
6 cm

생각하며 푼다!

(직사각형의 넓이)= □(가로) × □(세로) = □ (cm²)

평행사변형의 넓이도 직사각형의 넓이와 같은 □ cm²입니다.

평행사변형의 밑변의 길이를 □ cm라 하면 □ × □(높이) = □(넓이),

□ = □ ÷ □ = □ 입니다.

따라서 평행사변형의 밑변의 길이는 □ cm입니다.

답 _____

문제에서 숫자는 ◯,
조건 또는 구하는 것은 ___로
표시해 보세요.

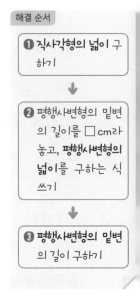

해결 순서

❶ 직사각형의 넓이 구하기

↓

❷ 평행사변형의 밑변의 길이를 □ cm라 놓고, **평행사변형의 넓이**를 구하는 식 쓰기

↓

❸ 평행사변형의 밑변의 길이 구하기

2. 삼각형의 넓이와 평행사변형의 넓이는 같습니다. 평행사변형의 높이는 몇 cm일까요?

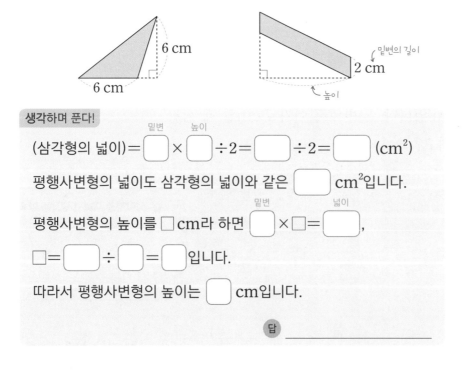

6 cm
6 cm
밑변의 길이
2 cm
높이

생각하며 푼다!

(삼각형의 넓이)= □(밑변) × □(높이) ÷ 2 = □ ÷ 2 = □ (cm²)

평행사변형의 넓이도 삼각형의 넓이와 같은 □ cm²입니다.

평행사변형의 높이를 □ cm라 하면 □(밑변) × □(넓이) = □,

□ = □ ÷ □ = □ 입니다.

따라서 평행사변형의 높이는 □ cm입니다.

답 _____

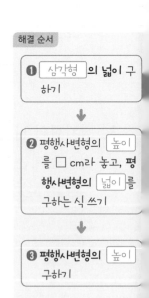

해결 순서

❶ 삼각형 의 넓이 구하기

↓

❷ 평행사변형의 높이 를 □ cm라 놓고, **평행사변형의 넓이** 를 구하는 식 쓰기

↓

❸ 평행사변형의 높이 구하기

1. 밑변의 길이가 5 cm, 높이가 3 cm인 평행사변형 모양의 나무
   조각이 있습니다. 이 나무 조각 10개의 넓이는 몇 cm²일까요?

   생각하며 푼다!

   (나무 조각 한 개의 넓이)=(평행사변형의 넓이)

   $$= \boxed{} \underset{\text{밑변}}{} \times \boxed{} \underset{\text{높이}}{} = \boxed{} \ (cm^2)$$

   (나무 조각 10개의 넓이)$= \underset{\text{한 개의 넓이}}{\boxed{}} \times 10 = \boxed{} \ (cm^2)$

   답 _____

> 나무 조각 한 개의 넓이를
> 구한 다음 나무 조각의
> 개수만큼 곱하면 돼요.

2. 밑변의 길이가 10 cm, 높이가 7 cm인 삼각형 모양의 색종이가
   있습니다. 이 색종이 20장의 넓이는 몇 cm²일까요?

   생각하며 푼다!

   (색종이 한 장의 넓이)=(삼각형의 넓이)

   $$= \underset{\text{밑변}}{\boxed{}} \times \underset{\text{높이}}{\boxed{}} \div 2$$

   $$= \boxed{} \div 2 = \boxed{} \ (cm^2)$$

   (색종이 20장의 넓이)$= \boxed{} \times 20 = \boxed{} \ (cm^2)$

   답 _____

3. 밑변의 길이가 8 cm, 높이가 4 cm인 삼각형 모양의 타일이 있습
   니다. 이 타일 30장의 넓이는 몇 cm²일까요?

   생각하며 푼다!

   답 _____

27. 마름모의 넓이, 사다리꼴의 넓이 문장제

1. 한 대각선의 길이가 12 cm, 다른 대각선의 길이가 6 cm인 마름모
의 넓이는 몇 cm²일까요?
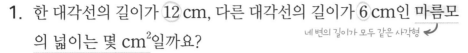
네 변의 길이가 모두 같은 사각형

생각하며 푼다!

(마름모의 넓이)=(한 대각선의 길이)×(다른 대각선의 길이)÷2

$$= \boxed{} \times \boxed{} \div \boxed{}$$

$$= \boxed{} \div \boxed{} = \boxed{} \ (\text{cm}^2)$$

답 _____

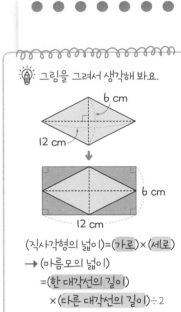

그림을 그려서 생각해 봐요.

(직사각형의 넓이)=(가로)×(세로)
→ (마름모의 넓이)
=(한 대각선의 길이)
×(다른 대각선의 길이)÷2

2. 윗변의 길이가 4 cm, 아랫변의 길이가 6 cm이고, 높이가 7 cm
인 사다리꼴의 넓이는 몇 cm²일까요?
평행한 변이 한 쌍이라도 있는 사각형

생각하며 푼다!

(사다리꼴의 넓이)

$$= ((\text{윗변의 길이}) + (\boxed{} \text{의 길이})) \times (\text{높이}) \div 2$$

$$= (\boxed{} + \boxed{}) \times \boxed{} \div 2$$

$$= \boxed{} \times \boxed{} \div \boxed{}$$

$$= \boxed{} \div \boxed{} = \boxed{} \ (\text{cm}^2)$$

답 _____

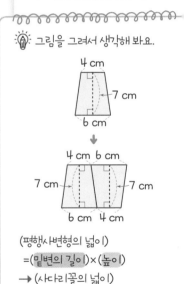

그림을 그려서 생각해 봐요.

(평행사변형의 넓이)
=(밑변의 길이)×(높이)
→ (사다리꼴의 넓이)
=((아랫변의 길이)+(윗변의 길이)
×(높이)÷2

3. 윗변의 길이와 아랫변의 길이의 합이 10 cm이고, 높이가 5 cm
인 사다리꼴의 넓이는 몇 cm²일까요?

먼저 사다리꼴의 넓이 구하는 식을
써 본 다음 넓이를 구해 봐요.

생각하며 푼다!

(사다리꼴의 넓이)=

답 _____

1. 넓이가 70 cm²인 마름모가 있습니다. 이 마름모의 한 대각선의 길이가 14 cm일 때 다른 대각선의 길이는 몇 cm일까요?

생각하며 푼다!

구하는 대각선의 길이를 □ cm라 하면

넓이
$14 \times \square \div 2 = \boxed{}$, $14 \times \square = \boxed{} \times 2$, $14 \times \square = \boxed{}$,

$\square = \boxed{} \div 14 = \boxed{}$ 입니다.

따라서 다른 대각선의 길이는 $\boxed{}$ cm입니다.

답 _____

> (마름모의 넓이)
> =(한 대각선의 길이)
> × ([다른 대각선의 길이])
> ÷2

2. 넓이가 50 cm²인 마름모 모양의 메모지가 있습니다. 이 메모지의 두 대각선의 길이가 같을 때 한 대각선의 길이는 몇 cm일까요?

생각하며 푼다!

넓이
구하는 대각선의 길이를 □ cm라 하면 $\square \times \square \div 2 = \boxed{}$,

$\square \times \square = \boxed{} \times \boxed{}$, $\square \times \square = \boxed{}$ 에서

$10 \times 10 = \boxed{}$ 이므로 $\square = \boxed{}$ 입니다.

따라서 한 대각선의 길이는 $\boxed{}$ cm입니다.

답 _____

3. 넓이가 15 cm²인 마름모 모양의 떡이 있습니다. 이 떡의 한 대각선의 길이가 6 cm일 때 다른 대각선의 길이는 몇 cm일까요?

생각하며 푼다!

답 _____

> 앗! 실수
> 마름모의 넓이를 구하려면
> 두 대각선의 길이를 곱한 다음
> ÷2를 해 주어야 해요.
> 반대로 넓이를 알고 다른
> 대각선의 길이를 구하려면
> ÷2 대신 ×2를 해 주어야 해요.

1. 넓이가 80 cm²인 사다리꼴이 있습니다. 이 사다리꼴의 윗변의 길이가 7 cm, 아랫변의 길이가 9 cm일 때 높이는 몇 cm일까요?

생각하며 푼다!

사다리꼴의 높이를 ☐ cm라 하면

$(7+\boxed{})\times\square\div2=\boxed{}^{\text{넓이}}$, $\boxed{}\times\square=\boxed{}^{\text{넓이}}\times2$,

$\boxed{}\times\square=\boxed{}$, $\square=\boxed{}\div\boxed{}=\boxed{}$입니다.

따라서 사다리꼴의 높이는 $\boxed{}$ cm입니다.

답 _____

2. 넓이가 40 cm²인 사다리꼴이 있습니다. 이 사다리꼴의 윗변의 길이가 4 cm, 아랫변의 길이가 6 cm일 때 높이는 몇 cm일까요?

생각하며 푼다!

사다리꼴의 높이를 ☐ cm라 하면

$(\underline{}+\underline{})\times\square\div2=\boxed{}^{\text{넓이}}$, $\boxed{}\times\square=\boxed{}^{\text{넓이}}\times2$,

$\boxed{}\times\square=\boxed{}$, $\square=\boxed{}\div\boxed{}=\boxed{}$입니다.

따라서 사다리꼴의 높이는 $\boxed{}$ cm입니다.

답 _____

3. 넓이가 24 cm²인 사다리꼴 모양의 나무 조각이 있습니다. 이 나무 조각의 윗변의 길이가 3 cm, 아랫변의 길이가 5 cm일 때 높이는 몇 cm일까요?

생각하며 푼다!

답 _____

문제에서 숫자는 ◯, 조건 또는 구하는 것은 ＿＿로 표시해 보세요.

입으로 말하며 외워야 술술 외워져요~
(사다리꼴의 넓이)
=((윗변)+(아랫변))×(높이)÷2
→ (높이)=(사다리꼴의 넓이)×2
　　　 ÷((윗변)+(아랫변))

28. 둘레와 넓이의 활용 문장제

1. 오른쪽 정다각형과 둘레가 같은 정사각형의
넓이는 몇 cm²일까요?

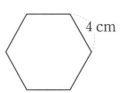

4 cm

해결 순서

❶ 정다각형의 **둘레** 구
하기

↓

❷ 정사각형의 **한 변**의
길이 구하기

↓

❸ 정사각형의 **넓이** 구
하기

생각하며 푼다!

정다각형은 한 변의 길이가 ▢ cm인 정육각형입니다.

한 변   변의 수
(정육각형의 둘레)= ▢ × ▢ = ▢ (cm)

정사각형의 둘레는 정육각형의 둘레와 같은 ▢ cm입니다.

둘레   변의 수
(정사각형의 한 변의 길이)= ▢ ÷ ▢ = ▢ (cm)

(정사각형의 넓이)= ▢ × ▢ = ▢ (cm²)

답 _____

2. 오른쪽 정다각형과 둘레가 같은 정사각형의
넓이는 몇 cm²일까요?

8 cm

해결 순서

❶ 정다각형의 둘레 구하기

↓

❷ 정사각형 의 한
변의 길이 구하기

↓

❸ 정사각형의 넓이 구하기

생각하며 푼다!

정다각형은 한 변의 길이가 ▢ cm인 ▢▢▢▢ 입니다.

(▢▢▢▢ 의 둘레)= _____ (cm)

정사각형의 둘레는 ▢▢▢▢ 의 둘레와 같은 ▢ cm입니다.

(정사각형의 한 변의 길이)= _____ (cm)

(정사각형의 넓이)= _____ (cm²)

답 _____

1. 오른쪽 직사각형의 둘레가 30 cm일 때 넓이는 몇 cm²일까요?

8 cm

해결 순서
❶ 둘레와 가로를 이용하여 **세로**의 길이 구하기
↓
❷ **넓이** 구하기

생각하며 푼다!

직사각형의 세로를 ☐ cm라 하면

가로 세로   둘레
$(8+\square) \times 2 = \boxed{}$, $8+\square = \boxed{} \div 2$, $8+\square = \boxed{}$,

$\square = \boxed{} - 8 = \boxed{}$ 이므로 직사각형의 세로는 $\boxed{}$ cm입니다.

가로   세로
따라서 직사각형의 넓이는 $\boxed{} \times \boxed{} = \boxed{}$ (cm²)입니다.

답 _____

2. 오른쪽 직사각형의 둘레가 26 cm일 때 넓이는 몇 cm²일까요?

4 cm

생각하며 푼다!

직사각형의 가로를 ☐ cm라 하면

$(\square + 4) \times 2 = \boxed{}$, $\square + 4 = \boxed{} \div \boxed{}$, $\square + 4 = \boxed{}$,

$\square = \boxed{} - \boxed{} = \boxed{}$ 이므로 직사각형의 가로는 $\boxed{}$ cm입니다.

따라서 직사각형의 넓이는 _____ (cm²)입니다.

답 _____

3. 오른쪽 직사각형의 둘레가 20 cm일 때 넓이는 몇 cm²일까요?

6 cm

생각하며 푼다!

답 _____

1. 평행사변형 가와 넓이가 같은 직사각형 나가 있습니다. 평행사변
형 가의 둘레는 몇 cm일까요?

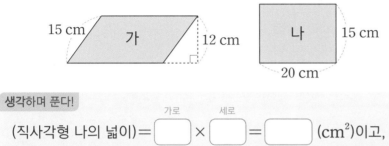

생각하며 푼다!

(직사각형 나의 넓이)= □ × □ = □ (cm²)이고,
  가로   세로

평행사변형 가의 넓이는 □ cm², 높이는 □ cm이므로

(밑변의 길이)= □ ÷ □ = □ (cm)입니다.
       넓이   높이

따라서 평행사변형 가의 둘레는

(15 + □)×2= □ ×2= □ (cm)입니다.
 한 변   다른 한 변

답 _____

해결 순서

❶ 직사각형의 **넓이** 구
하기

↓

❷ 평행사변형의 **밑변**
의 길이 구하기

↓

❸ 평행사변형의 **둘레**
구하기

2. 평행사변형 가와 넓이가 같은 직사각형 나가 있습니다. 평행사변
형 가의 둘레는 몇 cm일까요?

생각하며 푼다!

(직사각형 나의 넓이)= _____ (cm²)이고,

평행사변형 가의 넓이는 □ cm², 높이는 □ cm이므로

(밑변의 길이)= _____ (cm)입니다.

따라서 평행사변형 가의 둘레는

_____ (cm)입니다.

답 _____

6. 다각형의 둘레와 넓이

1. 한 변의 길이가 7 cm인 정육각형의 둘레는 몇 cm일까요?

( )

2. 가로가 6 cm, 세로가 9 cm인 직사각형과 둘레가 같은 정오각형이 있습니다. 이 정오각형의 한 변의 길이는 몇 cm일까요?

( )

3. 둘레가 36 cm인 정사각형이 있습니다. 이 정사각형의 넓이는 몇 cm^2일까요?

( )

4. 한 변의 길이가 7 cm인 정사각형의 가로를 3 cm 늘이고, 세로를 2 cm 줄여서 직사각형을 만들었습니다. 만든 직사각형의 넓이는 몇 cm^2일까요?

( )

5. 평행사변형의 넓이는 84 cm^2입니다. 밑변의 길이가 12 cm일 때 높이는 몇 cm일까요?

( )

6. 넓이가 33 cm^2인 사다리꼴 모양의 색종이가 있습니다. 이 색종이의 윗변의 길이가 8 cm, 아랫변의 길이가 3 cm일 때 높이는 몇 cm일까요? (20점)

( )

7. 평행사변형 가와 넓이가 같은 직사각형 나가 있습니다. 평행사변형 가의 둘레는 몇 cm일까요? (30점)

18 cm 가 16 cm   나 12 cm
20 cm

( )

나 혼자 푼다! 수학 문장제

5학년 1학기

정답 및 풀이

첫째 마당·자연수의 혼합 계산

 01. 덧셈과 뺄셈이 섞여 있는 식 문장제

10쪽

1. 생각하며 푼다! 31, 12, 12, 12

   답 12살

2. 생각하며 푼다! 45 / 45, 55, 77, 77

   답 77

3. 생각하며 푼다! 12, 25 / 12, 25, 37, 23, 23

   답 23

11쪽

1. 생각하며 푼다! 20, 14 / 20, 14, 34, 26

   답 26개

2. 생각하며 푼다! 35, 16, 23 / 읽은 책 수, 35+16, 23, 51−23, 28

   답 28권

12쪽

1. 생각하며 푼다! −, 7, +, 4 / 12, 7, 4, 5, 4, 9

   답 9자루

2. 생각하며 푼다! −, 8, +, 13 / 내린, 탄, 22, 8+13, 14+13, 27

   답 27명

13쪽

1. 생각하며 푼다! 4500, 1800, 1000 / 4500, 1800, 1000, 4500, 2800 / 1700

   답 1700원

2. 생각하며 푼다! 3000, 800, 1500 / 지수가 낸 돈, 3000, 800+1500, 3000−2300, 700

   답 700원

14쪽

1. 문제 24, 9, 15

   생각하며 푼다! 체육복을 입은 학생 수, 24, 9, 15 / 33, 15, 18

   답 18명

2. 문제 예 남학생이 20명, 여학생이 12명 있습니다. 이 중에서 모자를 쓴 학생이 6명이라면 모자를 쓰지 않은 학생은 몇 명일까요?

   생각하며 푼다!

   예 (모자를 쓰지 않은 학생 수)

   =(전체 학생 수)−(모자를 쓴 학생 수)

   =20+12−6=32−6=26(명)

   답 26명

 02. 곱셈과 나눗셈이 섞여 있는 식 문장제

15쪽

1. 생각하며 푼다! 4, 12, 12, 12

   답 12살

2. 생각하며 푼다! 2 / 2, 60, 2, 30, 30

   답 30명

3. 생각하며 푼다! 48, 6 / 48, 2, 6, 48, 12, 4, 수빈이네 가족은 4명입니다

   답 4명

16쪽

1. 생각하며 푼다! 12, 3, 4 / 나누어 줄 사람 수, 12, 3, 4, 36, 4, 9

   답 9자루

2. 생각하며 푼다! 30, 2, 5 / 전체 달걀 수, 나누어 담을 통 수, 30, 2, 5, 60÷5, 12

   답 12개

17쪽

1. 생각하며 푼다! 40, 5 / 40, 5, 8, 16

   답 16개

2. 생각하며 푼다! 42, 7 / 한 상자에 담은 수제 비누 수, 42, 7, 3, 6×3, 18

   답 18개

18쪽

1. 생각하며 푼다! 60, 4, 3 / 한 상자에 담을 수 있는 도넛
   수, 60, 4, 3, 60, 12, 5

   답 5상자

2. 생각하며 푼다! 45, 3, 5 / 전체 곶감 수,
   한 상자에 담을 수 있는 곶감 수,
   45, 3, 5, 45÷15, 3

   답 3상자

19쪽

1. 생각하며 푼다! 120, 8, 3 / 3명이 한 시간에,
   120, 8, 3, 120, 24, 5

   답 5시간

2. 생각하며 푼다! 210, 14, 5 / 전체 종이학 수, 5명이 한
   시간에 접을 수 있는 종이학 수, 210,
   14, 5, 210÷70, 3

   답 3시간

20쪽

1. 문제 10, 3, 5

   생각하며 푼다! 공책, 나누어 줄 학생 수, 3, 5, 30, 5, 6

   답 6권

2. 문제 예 16, 5, 4상자에 똑같이 나누어 담으려고 합
   니다. 한 상자에 몇 개씩 담아야 할까요

   생각하며 푼다!

   예 (한 상자에 담을 도넛 수)
   ＝(전체 도넛 수)÷(나누어 담을 상자 수)
   ＝16×5÷4
   ＝80÷4＝20(개)

   답 20개

03. 덧셈, 뺄셈, 곱셈이 섞여 있는 식 문장제

21쪽

1. 생각하며 푼다! 28, 3, 9, 9, 9

   답 9살

2. 생각하며 푼다! 16, 8 / 15, 31, 23, 23

   답 23

22쪽

1. 생각하며 푼다! 24, 27, 4, 8 / 4명이 사용한, 24, 27,
   4, 8, 24, 27, 32 / 51, 32, 19

   답 19장

2. 생각하며 푼다! 13, 15, 6, 3 / 전체 학생 수, 놀이 기구
   를 탄 학생 수, 13, 15, 6, 3, 13, 15,
   18 / 28－18, 10

   답 10명

23쪽

1. 생각하며 푼다! 15, 17, 9, 2 / 야구를 한 학생 수, 15,
   17, 9, 2, 15, 17, 18 / 32, 18, 14

   답 14명

2. 생각하며 푼다! 전체 학생 수, 피구를 한 학생 수, 다른
   반 학생 수 / 30, 12, 2, 3 / 30, 24, 3
   / 6, 3, 9

   답 9명

24쪽

1. 생각하며 푼다! 50, 4, 3, 4, 3, 5 / 먹은 초콜릿 수, 50,
   4, 3, 5, 50, 7, 5 / 50, 35, 15

   답 15개

2. 생각하며 푼다! 30, 5, 6, 5, 6, 2 / 전체 색종이 수, 나
   누어 준 색종이 수 / 30, 5, 6, 2 / 30,
   11, 2, 30－22, 8

   답 8장

25쪽

1. 생각하며 푼다! －, 4, －, 3, 12, 4 / 6, 3, 12, 4, 6, 3,
   8, 6, 3 / 48, 3, 45

   답 45살

2. 생각하며 푼다! ＋, 2, ＋, 5, 12, 2 / 언니의 나이, 3,
   5, 12, 2, 3, 5 / 14×3, 5, 42＋5, 47

   답 47살

04. 덧셈, 뺄셈, 나눗셈이 섞여 있는 식 문장제

26쪽

1. 생각하며 푼다! 4, 31, 26, 26, 26

   답 26명

2. 생각하며 푼다! 50, 11 / 21, 29, 40, 40

   답 40살

27쪽

1. 생각하며 푼다! 300, 3, 360, 4 / 키위, 귤, 300, 3, 360, 4, 100, 90, 10

   답 10 g

2. 생각하며 푼다! 6000, 5, 4000, 5 / 단팥 빵, 찹쌀 도넛, 6000, 5, 4000, 5 / 1200−800, 400

   답 400원

28쪽

1. 생각하며 푼다! 24, 2, 66, 6 / 24, 2, 66, 6, 5, 12, 11, 5 / 23, 5, 18

   답 18 cm

2. 생각하며 푼다! 45, 3, 60, 5 / 이어 붙인 끈의 전체 길이, 45, 3, 60, 5, 4 / 15+12, 4, 27−4, 23

   답 23 cm

29쪽

1. 생각하며 푼다! 1000, 5 / 머리끈 1개의 값, 1000, 500, 1000, 5 / 1000, 500, 200 / 1000, 700, 300

   답 300원

2. 생각하며 푼다! 4800, 4800÷3 / 민재가 받은 거스름돈, 사과 1개의 값, 5000, 2000, 4800÷3 / 5000, 2000+1600 / 5000−3600, 1400

   답 1400원

30쪽

1. 생각하며 푼다! 아버지, 54, 30, 13, 84, 13 / 14, 13, 1

   답 1 kg

2. 생각하며 푼다! 달에서 잰, 달에서 잰, 48+42, 60 / 90, 60, 15−10, 5

   답 5 kg

05. 덧셈, 뺄셈, 곱셈, 나눗셈이 섞여 있는 식 문장제

31쪽

1. 생각하며 푼다! 나눗셈, 21, 21, 4, 19, 4, 23

   답 23

2. 생각하며 푼다! 14, 14, 16, 23, 16, 7, 7

   답 7

32쪽

1. 생각하며 푼다! 5000, 600, 4000 / 5000, 1200, 2000 / 5000, 3200 / 5000, 4100, 900

   답 900원

2. 생각하며 푼다! 10000, 2800, 3600, 1300 / 10000, 2800, 1200, 1300 / 10000, 2800, 4800, 1300 / 10000, 7600+1300 / 10000−8900, 1100

   답 1100원

33쪽

1. 생각하며 푼다! 10000, 3000, 350, 3200 / 10000, 3000, 1400, 1600 / 10000, 4400+1600 / 10000−6000, 4000

   답 4000원

2. 생각하며 푼다!

예 (필요한 채소를 사고 남은 돈)

$$=10000-(800\times3+4200\div2+1500)$$

$$=10000-(2400+4200\div2+1500)$$

$$=10000-(2400+2100+1500)$$

$$=10000-(4500+1500)$$

$$=10000-6000=4000(원)$$

답 4000원

 단원평가 이렇게 나와요! 34쪽

1. 식 50, 24, 35 답 39권

2. 식 17-12+8 답 13명

3. 식 30, 3, 2 답 45개

4. 식 54÷6×5 답 45개

5. 식 25, 31, 9, 4 답 20명

6. 식 4500÷3-5600÷7 답 700원

2. (지금 버스 안에 있는 사람 수)

=(처음에 타고 있던 사람 수)

－(내린 사람 수)＋(탄 사람 수)

$$=17-12+8$$

$$=5+8$$

$$=13(명)$$

4. (5상자에 담은 수제 비누 수)

=(한 상자에 담은 수제 비누 수)×5

$$=54\div6\times5$$

$$=9\times5$$

$$=45(개)$$

6. (크림빵 1개의 값)－(찹쌀 꽈배기 1개의 값)

$$=4500\div3-5600\div7$$

$$=1500-800$$

$$=700(원)$$

 둘째 마당·약수와 배수

 06. 약수 문장제

36쪽

1. 생각하며 푼다! 6, 2, 3, 6 / 2, 3, 6

답 1, 2, 3, 6

2. 생각하며 푼다! 1＝10, 10÷2＝5, 10÷5＝2,

10÷10＝1 / 1, 2, 5, 10

답 1, 2, 5, 10

3. 생각하며 푼다!

예 24의 약수를 나눗셈을 이용하여 구하면

24÷1＝24, 24÷2＝12, 24÷3＝8,

24÷4＝6, 24÷6＝4, 24÷8＝3,

24÷12＝2, 24÷24＝1입니다.

따라서 24의 약수는 1, 2, 3, 4, 6, 8, 12, 24입니다.

답 1, 2, 3, 4, 6, 8, 12, 24

37쪽

1. 생각하며 푼다! 1, 3, 5, 15 / 1, 3, 5, 15

답 1명, 3명, 5명, 15명

2. 생각하며 푼다! 약수, 약수, 1, 2, 11, 22 / 똑같이 나누어 담을 수 있는 상자 수는 1개, 2개, 11개, 22개입니다.

답 1개, 2개, 11개, 22개

3. 생각하며 푼다!

예 남김없이 똑같이 나누어 주려면 49의 약수를 구해야 합니다.

49의 약수는 1, 7, 49이므로 똑같이 나누어 줄 수 있는 모둠 수는 1개, 7개, 49개입니다.

답 1개, 7개, 49개

38쪽

1. 생각하며 푼다! 약수, 약수, 1, 2, 4, 8, 16 / 1, 2, 4, 8, 16, 5

답 5가지

2. 생각하며 푼다! 똑같이 나누어 담으려면, 약수 / 약수, 1, 2, 3, 4, 6, 12 / 예 딸기를 접시에 나누어 담는 방법은 1개, 2개, 3개, 4개, 6개, 12개로 모두 6가지입니다.

답 6가지

3. 생각하며 푼다!
예 남김없이 똑같이 나누어 담으려면 25의 약수를 구해야 합니다. 25의 약수는 1, 5, 25이므로 연필을 필통에 나누어 담는 방법은 1자루, 5자루, 25자루로 모두 3가지입니다.

답 3가지

07. 배수 문장제

39쪽

1. 생각하며 푼다! 6, 9, 12, 15 / 6, 9, 12, 15

답 3, 6, 9, 12, 15

2. 생각하며 푼다! $7 \times 1 = 7$, $7 \times 2 = 14$, $7 \times 3 = 21$, $7 \times 4 = 28$, $7 \times 5 = 35$ / 7, 14, 21, 28, 35

답 7, 14, 21, 28, 35

3. 생각하며 푼다!
예 12의 배수는 $12 \times 1 = 12$, $12 \times 2 = 24$, $12 \times 3 = 36$, $12 \times 4 = 48$, $12 \times 5 = 60$……입니다. 따라서 12의 배수를 가장 작은 수부터 5개 쓰면 12, 24, 36, 48, 60입니다.

답 12, 24, 36, 48, 60

40쪽

1. 생각하며 푼다! 6, 12, 18, 24, 30, 36, 42 / 24, 30, 36, 3

답 3개

2. 생각하며 푼다!
예 11의 배수는 $11 \times 1 = 11$, $11 \times 2 = 22$, $11 \times 3 = 33$, $11 \times 4 = 44$, $11 \times 5 = 55$, $11 \times 6 = 66$……입니다.
따라서 30보다 크고 60보다 작은 수 중에서 11의 배수는 33, 44, 55로 모두 3개입니다.

답 3개

3. 생각하며 푼다! 15, 30, 45, 60, 75, 90, 105 / 15, 30, 45, 60, 75, 90 / 6

답 6개

4. 생각하며 푼다!
예 18의 배수는 $18 \times 1 = 18$, $18 \times 2 = 36$, $18 \times 3 = 54$, $18 \times 4 = 72$, $18 \times 5 = 90$, $18 \times 6 = 108$……입니다.
따라서 두 자리 수 중에서 18의 배수는 18, 36, 54, 72, 90으로 모두 5개입니다.

답 5개

41쪽

1. 생각하며 푼다! 10, 20, 30, 40 / 10, 20, 30, 3

답 3일

2. 생각하며 푼다! 배수 / 6, 12, 18, 24, 30, 36 / 6일, 12일, 18일, 24일, 30일로 모두 5일입니다

답 5일

3. 생각하며 푼다!
예 4의 배수를 가장 작은 수부터 차례로 쓰면 4, 8, 12, 16, 20, 24, 28, 32……입니다.
따라서 5월은 31일까지 있으므로 5월 한 달 동안 방청소를 하는 날은 4일, 8일, 12일, 16일, 20일, 24일, 28일로 모두 7일입니다.

답 7일

42쪽

1. 생각하며 푼다! 8, 8, 16, 24, 4

답 4번

2. 생각하며 푼다!   10, 9시 15분, 9시 25분, 9시 35분,
9시 45분, 9시 55분 / 6번 출발합니다

답 6번

3. 생각하며 푼다!

예 오전 10시에 버스가 출발하였고 20분 간격으로
출발하므로 20의 배수를 더한 수가 출발 시각이
됩니다.
따라서 오전 11시까지 출발 시각은 오전 10시,
10시 20분, 10시 40분, 11시로 셔틀 버스는 4번
출발합니다.

답 4번

08. 공약수와 최대공약수 문장제

43쪽

1. 생각하며 푼다!   2, 4, 2, 3, 6 / 1, 2

답 1, 2

2. 생각히며 푼다!   공약수, 2, 3, 6, 3, 9 / 1, 3

답 1, 3

3. 생각하며 푼다!   공약수, 1, 2, 4, 8, 16 / 1, 2, 3, 4, 6,
8, 12, 24 / 1, 2, 4, 8

답 1, 2, 4, 8

4. 생각하며 푼다!

예 10과 20의 공약수를 구합니다. 10의 약수는 1,
2, 5, 10이고, 20의 약수는 1, 2, 4, 5, 10, 20이
므로 10과 20의 공약수는 1, 2, 5, 10입니다.

답 1, 2, 5, 10

44쪽

1. 생각하며 푼다!   2, 2, 3, 2, 4

답 4

2. 생각하며 푼다!   최대공약수, 3, 3, 9, 12, 3, 4 /
3×3, 9

답 9

3. 생각하며 푼다!   예 18과 30의 최대공약수입니다

2) 18   30
3) 9   15
3   5 → 18과 30의 최대공약수는
2×3=6입니다.

답 6

45쪽

1. 생각하며 푼다!   약수 / 10, 10, 1, 2, 5, 10

답 1, 2, 5, 10

다른 방법으로도 생각하며 푼다!

공약수 / 1, 2, 5, 10 / 1, 2, 3, 5, 6, 10, 15, 30
/ 1, 2, 5, 10

답 1, 2, 5, 10

2. 생각하며 푼다!

예 2) 12   18
3) 6   9
2   3 → 12와 18의 최대공약수는
2×3=6입니다.

따라서 12와 18의 최대공약수 6의 약수를 구하면
1, 2, 3, 6입니다.

답 1, 2, 3, 6

다른 방법으로도 생각하며 푼다!

예 12의 약수는 1, 2, 3, 4, 6, 12이고, 18의 약수는
1, 2, 3, 6, 9, 18입니다.
따라서 12와 18의 공약수를 구하면 1, 2, 3, 6입니다.

답 1, 2, 3, 6

46쪽

1. 생각하며 푼다!   최대공약수, 최대공약수, 9 / 9, 1, 3, 9

답 1, 3, 9

2. 생각하며 푼다!   공약수, 약수, 16, 16 / 16, 1, 2, 4, 8, 16

답 1, 2, 4, 8, 16

3. 생각하며 푼다!

예 두 수의 공약수는 두 수의 최대공약수의 약수와 같
습니다. 두 수의 최대공약수가 20이므로 20의 약
수를 구합니다. 따라서 두 수의 공약수는 20의
약수인 1, 2, 4, 5, 10, 20입니다.

답 1, 2, 4, 5, 10, 20

09. 공배수와 최소공배수 문장제

47쪽

1. 생각하며 푼다! 12, 18, 24, 30, 36, 42, 48, 54, 60 /
   18, 27, 36, 45, 54, 63 / 18, 36, 54

   답 18, 36, 54

2. 생각하며 푼다! 공배수 / 8, 12, 16, 20, 24, 28, 32,
   36, 40, 44 / 10, 15, 20, 25, 30, 35,
   40, 45 / 20, 40

   답 20, 40

3. 생각하며 푼다!

   예 2의 배수도 되고 3의 배수도 되는 수는 2와 3의
   공배수입니다.

   2의 배수는 2, 4, 6, 8, 10, 12, 14, 16, 18,
   20……이고, 3의 배수는 3, 6, 9, 12, 15, 18,
   21……입니다. 따라서 2와 3의 공배수를 가장 작
   은 수부터 3개 쓰면 6, 12, 18입니다.

   답 6, 12, 18

48쪽

1. 생각하며 푼다! 2, 3 / 2, 3, 12

   답 12

2. 생각하며 푼다! 최소공배수, 3, 2, 3 /
   2×3×2×3, 36

   답 36

3. 생각하며 푼다! 예 최소공배수입니다

   2) 8   20
   2) 4   10
     2   5   → 8과 20의 최소공배수는
               2×2×2×5＝40입니다.

   답 40

49쪽

1. 생각하며 푼다! 최소공배수, 배수 / 24, 24, 24, 48, 72
   / 24, 48, 2

   답 2개

2. 생각하며 푼다! 6, 6 / 6, 12, 18, 24, 30, 36, 42 / 24,
   30, 36으로 모두 3개입니다

   답 3개

3. 생각하며 푼다!

   예 4와 5의 최소공배수는 20이므로 최소공배수 20
   의 배수는 20, 40, 60, 80, 100, 120……입니다.
   따라서 50부터 100까지의 수 중에서 4와 5의 공
   배수는 60, 80, 100으로 모두 3개입니다.

   답 3개

50쪽

1. 생각하며 푼다! 최소공배수, 25, 50, 75, 100 / 75

   답 75

2. 생각하며 푼다! 배수, 30, 30, 60, 90, 120 / 90

   답 90

3. 생각하며 푼다!

   예 두 수의 공배수는 두 수의 최소공배수인 27의 배
   수와 같습니다.

   따라서 어떤 두 수의 최소공배수인 27의 배수는
   27, 54, 81, 108……이고, 이 중에서 가장 큰 두
   자리 수는 81입니다.

   답 81

10. 최대공약수 활용 문장제

51쪽

1. 생각하며 푼다! 공약수, 최대공약수 / 최대공약수, 3,
   5, 4, 3, 6, 6, 6

   답 6명

2. 생각하며 푼다! 최대공약수,

   예 2) 20   50
       5) 10   25
         2   5   → 20과 50의 최대공약수
                  : 2×5＝10

   따라서 20과 50의 최대공약수는 10이므로 최대 10
   개 모둠까지 나누어 줄 수 있습니다.

   답 10개

52쪽

1. 생각하며 푼다! 2, 6, 8, 3, 4 / 2, 2, 4, 4 / 4, 3, 4, 4

   답 3송이, 4송이

2. 생각하며 푼다! 7, 4, 5, 7, 7 / 28÷7, 4, 젤리,
   35÷7, 5

   답 4개, 5개

53쪽

1. 생각하며 푼다! 3, 7, 5, 3, 3 / 21÷3, 7, 바구니 한 개
   에 담을 수 있는 배구공 수, 15÷3, 5

   답 7개, 5개

2. 생각하며 푼다!

   예 35와 40의 최대공약수는 5이므로 사과와 귤을 5
   개의 봉지에 나누어 담을 수 있습니다.
   (봉지 한 개에 담을 수 있는 사과 수)
   $=35÷5=7$(개)
   (봉지 한 개에 담을 수 있는 귤 수)
   $=40÷5=8$(개)

   답 7개, 8개

11. 최소공배수 활용 문장제

54쪽

1. 생각하며 푼다! 공배수, 최소공배수 / 최소공배수,
   2, 3 / 최소공배수, 2, 3, 18, 18

   답 18 cm

2. 생각하며 푼다!

   예 만든 정사각형의 한 변의 길이를 구하려면 10과
   8의 최소공배수를 구해야 합니다.

   2) 10   8
       5   4 → 10과 8의 최소공배수
             : $2×5×4=40$

   따라서 만든 정사각형의 한 변의 길이는 40 cm
   입니다.

   답 40 cm

55쪽

1. 생각하며 푼다! 최소공배수, 최소공배수, 2, 7, 14, 14

   답 14일 뒤

2. 생각하며 푼다! 동시에, 다음번에,

   예 다음번에 두 사람이 시력 검사를 동시에 하는 때
   를 구하려면 6과 5의 최소공배수를 구해야 합니
   다. 6과 5의 최소공배수는 $6×5=30$이므로 다
   음번에 두 사람이 동시에 하는 때는 30개월 뒤입
   니다.

   답 30개월 뒤

56쪽

1. 생각하며 푼다! 최소공배수 / 4, 3, 최소공배수, 4, 3,
   60 / 60, 60, 30

   답 오전 9시 30분

2. 생각하며 푼다!

   예 2와 3의 최소공배수는 6이므로 서현이와 경민이
   는 6일마다 수영장에서 만납니다.
   따라서 다음번에 두 사람이 수영장에서 만나는
   날은 3월 1일+6일=3월 7일입니다.

   답 3월 7일

57쪽

1. 생각하며 푼다! 최소공배수 / 12, 12 / 12, 24, 36, 2

   답 2번

2. 생각하며 푼다!

   예 4와 5의 최소공배수는 20이므로 아버지와 어머
   니는 20분마다 한 번씩 만나게 됩니다.
   따라서 아버지와 어머니가 출발 후 만나는 시각
   은 20분, 40분, 60분, 80분……이므로 60분 동
   안 출발점에서 3번 다시 만납니다.

   답 3번

단원평가 이렇게 나와요!   58쪽

1. 1개, 5개, 25개   2. 5개
3. 4일   4. 8
5. 2개   6. 8개, 3개
7. 90 cm   8. 12개월 뒤

6. 최대한 많은 친구에게 남김없이 똑같이 나누어 주려
면 32와 12의 최대공약수를 구해야 합니다.

```
2 ) 32    12
2 ) 16     6
     8     3
```

따라서 32와 12의 최대공약수는 $2 \times 2 = 4$이므로
사탕과 과자를 4명의 친구에게 나누어 줄 수 있습
니다.
(친구 한 명이 받을 수 있는 사탕 수)
$= 32 \div 4 = 8$(개)
(친구 한 명이 받을 수 있는 과자 수)
$= 12 \div 4 = 3$(개)

7. 만든 정사각형의 한 변의 길이를 구하려면 18과 45
의 최소공배수를 구해야 합니다.

```
3 ) 18    45
3 )  6    15
     2     5
```

→ 18과 45의 최소공배수: $3 \times 3 \times 2 \times 5 = 90$
따라서 만든 정사각형의 한 변의 길이는 90 cm입
니다.

8. 다음번에 두 사람이 시력 검사를 동시에 하는 때를
구하려면 4와 6의 최소공배수를 구해야 합니다.

```
2 ) 4    6
    2    3
```

4와 6의 최소공배수는 $2 \times 2 \times 3 = 12$이므로 다음
번에 두 사람이 동시에 하는 때는 12개월 뒤입니다.

셋째 마당·규칙과 대응

12. 두 양 사이의 관계 문장제

60쪽

1. 2 / 자전거의 수 / 5, 10
2. 3 / 3, 삼각형의 수 / 3×7, 21
3. 4배입니다 / 4, 자동차의 수와 같습니다 /
$4 \times 3 = 12$(개)입니다

61쪽

1. 생각하며 푼다!   4, 2 / 2, 8, 2, 10 / 2, 12
   답   12개
2. 생각하며 푼다!   3, 2 / 2, 5, 2, 7, 2, 9, 2, 11 / 2, 13
   답   13개

13. 대응 관계를 찾아 식으로 나타내기 문장제

62쪽

1. 2, 2
2. 3, 3, 바퀴
3. 6, 꽃병, 6, 꽃
4. 문어 다리의 수, 8, 예 (문어의 수)$\times 8$
5. 달걀의 수, 예 (달걀판의 수)$\times 10$

63쪽

1. 생각하며 푼다!   3, 준기, 3, 3, 22
   답   22살
2. 생각하며 푼다!   35, 지영이의 나이, 아버지의 나이, 20,
                  35, 55
   답   55살

3. 생각하며 푼다!

예 어머니의 나이는 아버지의 나이보다 4살 적습니다. 아버지의 나이와 어머니의 나이 사이의 대응 관계를 식으로 나타내면 (아버지의 나이)−4=(어머니의 나이)입니다. 따라서 아버지가 60살일 때 어머니는 60−4=56(살)입니다.

답 56살

64쪽

1. 생각하며 푼다! 2, 3, 1, 1, 1, 4

답 4번

2. 생각하며 푼다! 1, 자른 횟수, 도막 수, 1, 1, 6

답 6번

65쪽

1. 생각하며 푼다! 1, 2, 3, 4 / 나무 도막 수, 1, 9 / 9, 54

답 54분

2. 생각하며 푼다! 나무 도막 수, 1, 7 / 7, 70, 70, 1, 10

답 1시간 10분

66쪽

1. 생각하며 푼다! 5, 9, 리본 도막 수 / 리본 도막 수, 1, 8, 8

답 8번

2. 생각하며 푼다!

예 한 도막의 길이가 6 cm가 되도록 자르려면
(철사 도막 수)
=(전체 철사의 길이)÷(한 도막의 길이)
=84÷6=14(도막)으로 잘라야 합니다.
자른 횟수와 철사 도막 수 사이의 대응 관계를 식으로 나타내면
(자른 횟수)+1=(철사 도막 수)입니다.
따라서 (자른 횟수)=(철사 도막 수)−1
=14−1=13(번)
이므로 모두 13번 잘라야 합니다.

답 13번

67쪽

1. 생각하며 푼다! 3, 2 / 3, 2, 3, 2, 3, 12, 15

답 15개

2. 생각하며 푼다! 4, 3 / 4, 3, 4, 3, 4, 15, 19

답 19개

 단원평가 이렇게 나와요! 68쪽

1. (1) 4 (2) 4, 코끼리의 수
2. 3, 단추의 수, 3
3. 8, 피자의 수, 8, 조각의 수
4. 35살   5. 9번
6. 21분   7. 4번

4. 형의 나이는 민서의 나이보다 17−12=5(살) 많습니다. 민서의 나이와 형의 나이 사이의 대응 관계를 식으로 나타내면 (민서의 나이)+5=(형의 나이)입니다.
따라서 민서가 30살일 때 형은 30+5=35(살)입니다.

5. 리본이 10도막이 되려면 10−1=9(번) 잘라야 합니다.

6. 10도막이 되도록 자르려면
(자른 횟수)=4−1=3(번) 잘라야 합니다.
따라서 (걸리는 시간)
=(자른 횟수)×(한 번 자르는 데 걸리는 시간)
=3×7=21(분)입니다.

7. 한 도막의 길이가 6 cm가 되도록 자르려면
(철사 도막 수)
=(전체 철사의 길이)÷(한 도막의 길이)
=30÷6=5(도막)이 되게 잘라야 합니다.
따라서 (자른 횟수)=(철사 도막 수)−1
=5−1=4(번) 잘라야 합니다.

넷째 마당·약분과 통분

 14. 크기가 같은 분수 문장제

70쪽

1. 생각하며 푼다! $\dfrac{2}{6}$, $\dfrac{3}{9}$, $\dfrac{4}{12}$

    답 $\dfrac{2}{6}$, $\dfrac{3}{9}$, $\dfrac{4}{12}$

2. 생각하며 푼다!

    $\dfrac{8}{10}$, $\dfrac{4}{5}=\dfrac{4\times3}{5\times3}=\dfrac{12}{15}$, $\dfrac{4}{5}=\dfrac{4\times4}{5\times4}=\dfrac{16}{20}$

    답 $\dfrac{8}{10}$, $\dfrac{12}{15}$, $\dfrac{16}{20}$

3. 생각하며 푼다! 2, 4 / 2, 2 / $\dfrac{10}{16}$ / 4, 4 / $\dfrac{5}{8}$

    답 $\dfrac{10}{16}$, $\dfrac{5}{8}$

4. 생각하며 푼다! 1, 2, 3, 6 / $\dfrac{18\div2}{24\div2}=\dfrac{9}{12}$,

    $\dfrac{18}{24}=\dfrac{18\div3}{24\div3}=\dfrac{6}{8}$, $\dfrac{18}{24}=\dfrac{18\div6}{24\div6}=\dfrac{3}{4}$

    답 $\dfrac{9}{12}$, $\dfrac{6}{8}$, $\dfrac{3}{4}$

71쪽

1. 생각하며 푼다! 2, 2, 2 / 2, 4, 2

    답 2조각

2. 생각하며 푼다! $\dfrac{2}{3}$, $\dfrac{2}{3}$,

    예 $\dfrac{2}{3}=\dfrac{2\times3}{3\times3}=\dfrac{6}{9}$입니다.

    따라서 경석이가 가래떡을 $\dfrac{6}{9}$만큼 먹으려면 9조각 중에서 6조각을 먹어야 합니다.

    답 6조각

72쪽

1. 생각하며 푼다! 2, 2, $\dfrac{2}{8}$ / $\dfrac{2}{8}$, 8, 2

    답 2조각

2. 생각하며 푼다!

    예 $\dfrac{3}{8}=\dfrac{3\times2}{8\times2}=\dfrac{6}{16}$입니다.

    따라서 지윤이가 케이크를 $\dfrac{6}{16}$만큼 먹으려면 16 조각 중에서 6조각을 먹어야 합니다.

    답 6조각

73쪽

1. 생각하며 푼다! 2, $\dfrac{3}{6}$, $\dfrac{4}{8}$, $\dfrac{5}{10}$, $\dfrac{5}{10}$

    답 $\dfrac{5}{10}$

2. 생각하며 푼다! 4, $\dfrac{6}{15}$, $\dfrac{8}{20}$, $\dfrac{10}{25}$, $\dfrac{8}{20}$

    답 $\dfrac{8}{20}$

3. 생각하며 푼다!

    예 $\dfrac{8}{14}$, $\dfrac{12}{21}$, $\dfrac{16}{28}$, $\dfrac{20}{35}$, $\dfrac{24}{42}$……입니다.

    이 중에서 분모와 분자의 합이 55인 분수는

    $\dfrac{20}{35}$입니다.

    답 $\dfrac{20}{35}$

74쪽

1. 생각하며 푼다! $\dfrac{4}{12}$, $\dfrac{5}{15}$, $\dfrac{6}{18}$, $\dfrac{7}{21}$, $\dfrac{8}{24}$ /

    $\dfrac{3}{9}$, $\dfrac{4}{12}$, $\dfrac{5}{15}$, $\dfrac{6}{18}$, $\dfrac{7}{21}$, 5

    답 5개

2. 생각하며 푼다! $\dfrac{9}{15}$, $\dfrac{12}{20}$, $\dfrac{15}{25}$ / $\dfrac{9}{15}$, $\dfrac{12}{20}$, 2

    답 2개

3. 생각하며 푼다!

    예 $\dfrac{10}{12}$, $\dfrac{15}{18}$, $\dfrac{20}{24}$, $\dfrac{25}{30}$, $\dfrac{30}{36}$……입니다. 이 중에서 분모와 분자의 합이 30보다 크고 60보다 작은 분수는 $\dfrac{15}{18}$, $\dfrac{20}{24}$, $\dfrac{25}{30}$로 모두 3개입니다.

    답 3개

1. 생각하며 푼다! $3, 3, 4, \dfrac{4}{10}$

   답 $\dfrac{4}{10}$

2. 생각하며 푼다! $8, 40 \div 8, 5,$ 구하는 분수는 $\dfrac{5}{6}$입니다

   답 $\dfrac{5}{6}$

3. 생각하며 푼다!

   예 분모가 8인 분수의 분자를 ■라고 하면

   $\dfrac{21}{56} = \dfrac{\blacksquare}{8}$입니다.

   $56 \div 7 = 8$이므로 ■$= 21 \div 7 = 3$입니다.

   따라서 구하는 분수는 $\dfrac{3}{8}$입니다.

   답 $\dfrac{3}{8}$

15. 약분, 기약분수 문장제

1. 생각하며 푼다! $9 / 9, 9 / 9, 9, 18, \dfrac{18}{27}$

   답 $\dfrac{18}{27}$

2. 생각하며 푼다! $5, 5 / 5, 5 / 5, 3, 5, 15,$
   구하는 분수는 $\dfrac{15}{35}$입니다

   답 $\dfrac{15}{35}$

3. 생각하며 푼다!

   예 $\dfrac{\blacksquare}{48} = \dfrac{5}{8}$입니다. 분모 48이 8이 되려면 6으로 나누어야 합니다. → $48 \div 6 = 8$

   $\dfrac{\blacksquare}{48} = \dfrac{\blacksquare \div 6}{48 \div 6} = \dfrac{5}{8}$에서 ■$\div 6 = 5,$

   ■$= 5 \times 6 = 30$이므로 구하는 분수는 $\dfrac{30}{48}$입니다.

   답 $\dfrac{30}{48}$

1. 생각하며 푼다! $2, 3, 4, 5 / 2, 3, 4 / 1, 5$

   답 $1, 5$

2. 생각하며 푼다! $2, 3, 4, 5, 6, 7, 8, 9 / 2, 4, 5, 6, 8 /$
   $1, 3, 7, 9$

   답 $1, 3, 7, 9$

3. 생각하며 푼다!

   예 $\dfrac{\square}{8}$가 진분수이려면 □ 안에는 1, 2, 3, 4, 5, 6, 7 이 들어갈 수 있습니다. 이 중에서 기약분수가 되려면 □ 안의 수가 2, 4, 6은 될 수 없습니다.
   따라서 □ 안에 들어갈 수 있는 수는 1, 3, 5, 7입니다.

   답 $1, 3, 5, 7$

1. 생각하며 푼다! $10, \dfrac{3}{16}, \dfrac{5}{16}, \dfrac{7}{16}, \dfrac{9}{16}, 5$

   답 5개

2. 생각하며 푼다! $12, \dfrac{1}{18}, \dfrac{5}{18}, \dfrac{7}{18}, \dfrac{11}{18}$로 모두 4개입니다

   답 4개

3. 생각하며 푼다!

   예 $\dfrac{10}{21}$보다 작은 분수 중에서 분모가 21인 분수를 $\dfrac{\square}{21}$라고 하면 □ 안에는 1부터 9까지의 수가 들어갈 수 있습니다.
   따라서 이 중에서 기약분수는 $\dfrac{1}{21}, \dfrac{2}{21}, \dfrac{4}{21},$ $\dfrac{5}{21}, \dfrac{8}{21}$로 모두 5개입니다.

   답 5개

1. 생각하며 푼다! $11, 99, 110, 99 / 9, 9 / \dfrac{72}{99}$

   답 $\dfrac{72}{99}$

2. 생각하며 푼다!

㈎ 분모는 6의 배수입니다.

$6 \times 16 = 96$, $6 \times 17 = 102$에서 분모가 될 수 있

는 가장 큰 두 자리 수는 96입니다.

따라서 구하는 분수는 $\frac{5}{6} = \frac{5 \times 16}{6 \times 16} = \frac{80}{96}$입니다.

답 $\frac{80}{96}$

80쪽

1. 생각하며 푼다! 6, 6, 6, $\frac{4}{5}$, $\frac{4}{5}$

답 $\frac{4}{5}$시간

2. 생각하며 푼다! $\frac{20}{32}$, 4, $\frac{20}{32}$, $\frac{20}{32} = \frac{20 \div 4}{32 \div 4} = \frac{5}{8}$, $\frac{5}{8}$

답 $\frac{5}{8}$

3. 생각하며 푼다!

㈎ 동물원에 입장한 어린이는 전체의 $\frac{220}{300}$이고, 두

수의 최대공약수는 20입니다.

따라서 $\frac{220}{300}$을 기약분수로 나타내면

$\frac{220}{300} = \frac{220 \div 20}{300 \div 20} = \frac{11}{15}$이므로 동물원에 입장한

어린이는 전체의 $\frac{11}{15}$입니다.

답 $\frac{11}{15}$

 16. 분모가 같은 분수로 나타내기 문장제

81쪽

1. 생각하며 푼다! 공배수, 24, 36, 48, 24, 36, 48

답 12, 24, 36, 48

2. 생각하며 푼다! 두 분모 9와 12의 공배수, 72, 108,

36, 72

답 36, 72

3. 생각하며 푼다!

㈎ 두 분모 6과 10의 공배수입니다. 6과 10의 공배

수는 30, 60, 90, 120……이고 이 중에서 100보

다 작은 수는 30, 60, 90입니다.

답 30, 60, 90

82쪽

1. 생각하며 푼다! 24, $\frac{4}{24}$ / 3, 3, $\frac{9}{24}$

답 $\frac{4}{24}$, $\frac{9}{24}$

2. 생각하며 푼다! 72, $\frac{5 \times 4}{18 \times 4} = \frac{20}{72}$, $\frac{7 \times 3}{24 \times 3} = \frac{21}{72}$

답 $\frac{20}{72}$ L, $\frac{21}{72}$ L

3. 생각하며 푼다!

㈎ 8과 20의 최소공배수는 40입니다.

수학: $\frac{3}{8} = \frac{3 \times 5}{8 \times 5} = \frac{15}{40}$(시간),

영어: $\frac{9}{20} = \frac{9 \times 2}{20 \times 2} = \frac{18}{40}$(시간)

답 $\frac{15}{40}$시간, $\frac{18}{40}$시간

83쪽

1. 생각하며 푼다! 5, 12, $\frac{7}{15}$, $\frac{8}{15}$, $\frac{9}{15}$, $\frac{10}{15}$, $\frac{11}{15}$ /

$\frac{7}{15}$, $\frac{8}{15}$, $\frac{11}{15}$

답 $\frac{7}{15}$, $\frac{8}{15}$, $\frac{11}{15}$

2. 생각하며 푼다!

㈎ $\left(\frac{5}{20}, \frac{14}{20} \right)$입니다.

$\frac{1}{4}$보다 크고 $\frac{7}{10}$보다 작은 분수 중 분모가 20인

분수는 $\frac{6}{20}$, $\frac{7}{20}$, $\frac{8}{20}$, $\frac{9}{20}$, $\frac{10}{20}$, $\frac{11}{20}$, $\frac{12}{20}$, $\frac{13}{20}$

입니다.

따라서 이 중에서 기약분수는 $\frac{7}{20}$, $\frac{9}{20}$, $\frac{11}{20}$, $\frac{13}{20}$

입니다.

답 $\frac{7}{20}$, $\frac{9}{20}$, $\frac{11}{20}$, $\frac{13}{20}$

84쪽

1. 생각하며 푼다! 42, 42 / 42, 6, 42, 6, 6, $\frac{3}{7}$ / 7, 7, 7,

$\frac{5}{6}$

답 $\frac{3}{7}$, $\frac{5}{6}$

2. 생각하며 푼다! 36, 36

예) 15와 36의 최대공약수 3으로 나누어 기약분수를

구합니다. → $\frac{15}{36}=\frac{15÷3}{36÷3}=\frac{5}{12}$

22와 36의 최대공약수 2로 나누어 기약분수를

구합니다. → $\frac{22}{36}=\frac{22÷2}{36÷2}=\frac{11}{18}$

답 $\frac{5}{12}$, $\frac{11}{18}$

🐕 17. 분수의 크기, 분수와 소수의 크기 비교하기 문장제

85쪽

1. 생각하며 푼다! 80, 50, 56, 50, <, 56 /
40, 25, 28, 25, <, 28

답 <

2. 생각하며 푼다! 10, <, 10, < / 4, 3, 4, >, 3, > /
6, 5, 6, >, 5, > / $\frac{2}{3}$, $\frac{3}{5}$, $\frac{1}{2}$, $\frac{2}{3}$

답 $\frac{2}{3}$

86쪽

1. 생각하며 푼다! 45, 10, 3, 10, 3, 2, 3, 3

답 3

2. 생각하며 푼다! 30, 21, 5, 21, 5 / 1, 2, 3, 4 /
가장 큰 수는 4입니다

답 4

3. 생각하며 푼다!

예) 분모 8과 5의 최소공배수인 40으로 통분하면

$\frac{5}{8}>\frac{□}{5}$ → $\frac{25}{40}>\frac{□×8}{40}$에서 25>□×8입니

다. 따라서 □ 안에 들어갈 수 있는 자연수는 1,

2, 3이고 이 중 가장 큰 수는 3입니다.

답 3

87쪽

1. 생각하며 푼다! 12, 2, 9, 2, 9 / 3, 4, 5, 6, 7, 8, 6

답 6개

2. 생각하며 푼다! 28, $\frac{7}{28}$, $\frac{12}{28}$, 7, 12 / 8, 9, 10, 11, 4

답 4개

3. 생각하며 푼다!

예) 세 분모 15, 30, 3의 최소공배수는 30입니다.

$\frac{8}{15}<\frac{□}{30}<\frac{2}{3}$ → $\frac{16}{30}<\frac{□}{30}<\frac{20}{30}$에서

16<□<20입니다.

따라서 □ 안에 들어갈 수 있는 자연수는 17, 18,

19로 모두 3개입니다.

답 3개

88쪽

1. 생각하며 푼다! 3, 4, 3, 4, 15, 12, 16 / 16, 15, 12,
$\frac{4}{5}$, $\frac{3}{4}$, $\frac{3}{5}$ / $\frac{4}{5}$

답 $\frac{4}{5}$

2. 생각하며 푼다! 1, 2, 1, 2, 7, $\frac{2}{14}$, $\frac{4}{14}$ / 7, $\frac{4}{14}$, $\frac{2}{14}$,
$\frac{1}{2}$, $\frac{2}{7}$, $\frac{1}{7}$ / 가장 큰 수는 $\frac{1}{2}$

답 $\frac{1}{2}$

89쪽

1. 생각하며 푼다! 30, $\frac{25}{30}$, $\frac{26}{30}$, <, 지은

답 지은

2. 생각하며 푼다! $\frac{18}{24}$, >, $\frac{9}{12}$, >, >, >, 민정

답 민정이네 집

3. 생각하며 푼다! 35, 3.35, 강아지

답 강아지

90쪽

1. 생각하며 푼다! 45, $\frac{36}{45}$, >, $\frac{35}{45}$, >, ㉮

답 ㉮

2. 생각하며 푼다! 24, $\frac{9}{24}$, <, $\frac{10}{24}$, <, 버스

답 버스

3. 생각하며 푼다! 28,

㉠ $\frac{6}{7} = \frac{24}{28} > \frac{3}{4} = \frac{21}{28}$입니다.

따라서 $\frac{6}{7} > \frac{3}{4}$이므로 수학 공부를 더 적게 한 사람은 민우입니다.

답 민우

91쪽

1. 생각하며 푼다! 2, 2, 8, 0.8, 0.8, 우체국

답 우체국

2. 생각하며 푼다! 25, 25, 25, 0.25, 0.25, 0.3,

㉠ 우유를 더 많이 마신 사람은 경수입니다

답 경수

3. 생각하며 푼다!

㉠ 분수를 소수로 고치면

$\frac{3}{4} = \frac{3 \times 25}{4 \times 25} = \frac{75}{100} = 0.75$입니다.

따라서 0.78 > 0.75이므로 초콜릿을 더 적게 먹은 사람은 혜민입니다.

답 혜민

단원평가 이렇게 나와요! 92쪽

1. $\frac{20}{45}$　　　　　2. 3개

3. $\frac{24}{56}$　　　　　4. 4개

5. $\frac{1}{3}$　　　　　6. $\frac{11}{18}, \frac{13}{18}$

7. 가 편의점　　　　8. 영어

6. 두 분수를 통분하면

$\left(\frac{1}{2}, \frac{7}{9}\right) \rightarrow \left(\frac{9}{18}, \frac{14}{18}\right)$입니다.

$\frac{1}{2}$보다 크고 $\frac{7}{9}$보다 작은 분모가 18인 분수는

$\frac{10}{18}, \frac{11}{18}, \frac{12}{18}, \frac{13}{18}$입니다.

따라서 이 중에서 기약분수는 $\frac{11}{18}, \frac{13}{18}$입니다.

다섯째 마당·분수의 덧셈과 뺄셈

18. 진분수의 덧셈 문장제

94쪽

1. 생각하며 푼다! 4, 13

답 $\frac{13}{24}$

2. 생각하며 푼다! $\frac{8}{14}, \frac{15}{14}, 1\frac{1}{14}$

답 $1\frac{1}{14}$

3. 생각하며 푼다! $\frac{10}{40}, \frac{22}{40}, \frac{11}{20}$ / $\frac{5}{20}, \frac{11}{20}$ / $\frac{11}{20}$

답 $\frac{11}{20}$시간

4. 생각하며 푼다! $\frac{6}{15} + \frac{10}{15} = \frac{16}{15} = 1\frac{1}{15}, 1\frac{1}{15}$

답 $1\frac{1}{15}$ m

95쪽

1. 생각하며 푼다! 영어, 4, 3, $\frac{7}{6}, 1\frac{1}{6}$

답 $1\frac{1}{6}$시간

2. 생각하며 푼다! 노란색 끈의 길이,

$\frac{3}{4} + \frac{1}{3}, \frac{9}{12} + \frac{4}{12}, \frac{13}{12}, 1\frac{1}{12}$

답 $1\frac{1}{12}$ m

3. 생각하며 푼다!

㉠ (파인애플 1개와 멜론 1개의 무게)

＝(파인애플 1개의 무게)＋(멜론 1개의 무게)

$= \frac{5}{6} + \frac{8}{15} = \frac{25}{30} + \frac{16}{30} = \frac{41}{30} = 1\frac{11}{30}$ (kg)

답 $1\frac{11}{30}$ kg

96쪽

1. 생각하며 푼다! $\frac{2}{9}, 3, \frac{2}{9}, \frac{5}{9}$

답 $\frac{5}{9}$ L

2. 생각하며 푼다! 더 부은 물의 양, $\frac{3}{4}+\frac{2}{7}$, $\frac{21}{28}+\frac{8}{28}$,

$\frac{29}{28}$, $1\frac{1}{28}$

답 $1\frac{1}{28}$ L

3. 생각하며 푼다!

예 (매듭을 만드는 데 사용한 파란색 끈의 길이)

$=$(빨간색 끈의 길이)$+$(더 사용한 길이)

$=\frac{3}{4}+\frac{5}{14}=\frac{21}{28}+\frac{10}{28}=\frac{31}{28}=1\frac{3}{28}$ (m)

답 $1\frac{3}{28}$ m

97쪽

1. 생각하며 푼다! 경준, $\frac{1}{8}$, $\frac{1}{6}$, $\frac{3}{24}$, $\frac{4}{24}$, $\frac{7}{24}$, $\frac{7}{24}$

답 $\frac{7}{24}$

2. 생각하며 푼다! 오늘 동화책을 읽은 양, $\frac{1}{12}+\frac{1}{4}$,

$\frac{1}{12}+\frac{3}{12}$, $\frac{4}{12}$, $\frac{1}{3}$, $\frac{1}{3}$

답 $\frac{1}{3}$

98쪽

1. 생각하며 푼다! 생크림의 양,

$\frac{3}{8}+\frac{7}{10}$, $\frac{15}{40}+\frac{28}{40}$, $\frac{43}{40}$, $1\frac{3}{40}$,

예 초콜릿과 생크림의 양은 모두 $1\frac{3}{40}$ 컵입니다

답 $1\frac{3}{40}$ 컵

2. 생각하며 푼다!

예 (아이스크림 1개와 케이크 1개를 만드는 데 필요한 우유의 양)

$=$(아이스크림 1개를 만드는 데 필요한 우유의 양)

$+$(케이크 1개를 만드는 데 필요한 우유의 양)

$=\frac{4}{15}+\frac{8}{9}=\frac{12}{45}+\frac{40}{45}=\frac{52}{45}=1\frac{7}{45}$ (L)

답 $1\frac{7}{45}$ L

19. 대분수의 덧셈 문장제

99쪽

1. 생각하며 푼다! 4, 5, $3\frac{9}{10}$

답 $3\frac{9}{10}$

2. 생각하며 푼다! $1\frac{9}{24}$, $3\frac{29}{24}$, $4\frac{5}{24}$

답 $4\frac{5}{24}$

3. 생각하며 푼다! $3\frac{6}{8}+1\frac{5}{8}=4\frac{11}{8}=5\frac{3}{8}$, $5\frac{3}{8}$

답 $5\frac{3}{8}$ m

4. 생각하며 푼다!

예 $4\frac{2}{3}+2\frac{1}{4}=4\frac{8}{12}+2\frac{3}{12}=6\frac{11}{12}$ (m)이므로

직사각형의 가로와 세로의 합은 $6\frac{11}{12}$ m입니다.

답 $6\frac{11}{12}$ m

100쪽

1. 생각하며 푼다! $1\frac{5}{8}$, $\frac{5}{12}$, $1\frac{15}{24}$, $\frac{10}{24}$, $1\frac{25}{24}$, $2\frac{1}{24}$

답 $2\frac{1}{24}$ km

2. 생각하며 푼다! 노란색 끈의 길이,

$2\frac{4}{5}$, $1\frac{2}{3}$, $2\frac{12}{15}$, $1\frac{10}{15}$, $3\frac{22}{15}$, $4\frac{7}{15}$

답 $4\frac{7}{15}$ m

3. 생각하며 푼다!

예 (우유식빵과 잡곡식빵의 무게)

$=$(우유식빵의 무게)$+$(잡곡식빵의 무게)

$=1\frac{5}{6}+2\frac{3}{4}$

$=1\frac{10}{12}+2\frac{9}{12}$

$=3\frac{19}{12}=4\frac{7}{12}$ (kg)

답 $4\frac{7}{12}$ kg

1. 생각하며 푼다! $3\frac{2}{7}$, $1\frac{1}{4}$, $3\frac{8}{28}$, $1\frac{7}{28}$, $4\frac{15}{28}$

  답 $4\frac{15}{28}$ kg

2. 생각하며 푼다! 더 부은 물의 양,

  $4\frac{3}{10}$, $2\frac{2}{5}$, $4\frac{3}{10}$, $2\frac{4}{10}$, $6\frac{7}{10}$

  답 $6\frac{7}{10}$ L

3. 생각하며 푼다!

  예 (준호가 캔 고구마의 무게)

  =(승기가 캔 고구마의 무게)

  +(더 캔 고구마의 무게)

  $=4\frac{1}{8}+1\frac{5}{12}=4\frac{3}{24}+1\frac{10}{24}=5\frac{13}{24}$ (kg)

  답 $5\frac{13}{24}$ kg

1. 생각하며 푼다! $3\frac{1}{2}$, $1\frac{2}{3}$, $3\frac{1}{2}$, $1\frac{2}{3}$, 3, $1\frac{4}{6}$, 7, $5\frac{1}{6}$

  답 $5\frac{1}{6}$

2. 생각하며 푼다! $7\frac{3}{4}$, $3\frac{4}{7}$

  예 따라서 가장 큰 대분수와 가장 작은 대분수의 합

  은 $7\frac{3}{4}+3\frac{4}{7}=7\frac{21}{28}+3\frac{16}{28}=10\frac{37}{28}=11\frac{9}{28}$

  입니다.

  답 $11\frac{9}{28}$

20. 진분수의 뺄셈 문장제

1. 생각하며 푼다! 5, 4, 1

  답 $\frac{1}{8}$

2. 생각하며 푼다! 18, 14, $\frac{4}{21}$

  답 $\frac{4}{21}$

3. 생각하며 푼다! 21, 20, $\frac{1}{24}$, $\frac{1}{24}$

  답 $\frac{1}{24}$ m

4. 생각하며 푼다! $\frac{20}{36}-\frac{9}{36}=\frac{11}{36}$, $\frac{11}{36}$

  답 $\frac{11}{36}$ L

1. 생각하며 푼다! 지욱, $\frac{3}{4}$, $\frac{7}{10}$, 15, 14, $\frac{1}{20}$

  답 $\frac{1}{20}$ L

2. 생각하며 푼다! 희수, 더 적게,

  $\frac{7}{15}-\frac{1}{3}$, $\frac{7}{15}-\frac{5}{15}$, $\frac{2}{15}$

  답 $\frac{2}{15}$ kg

3. 생각하며 푼다!

  예 (파란색 리본끈의 길이)

  =(분홍색 리본끈의 길이)

  −(더 짧은 리본끈의 길이)

  $=\frac{3}{5}-\frac{1}{6}=\frac{18}{30}-\frac{5}{30}=\frac{13}{30}$ (m)

  답 $\frac{13}{30}$ m

1. 생각하며 푼다! 14, $<$, 15, 소고기, $\frac{5}{8}$, $\frac{7}{12}$,

  $\frac{15}{24}-\frac{14}{24}$, $\frac{1}{24}$

  답 소고기, $\frac{1}{24}$ kg

2. 생각하며 푼다! 49, $>$, 45,

  예 따라서 주현이가

  $\frac{7}{9}-\frac{5}{7}=\frac{49}{63}-\frac{45}{63}=\frac{4}{63}$ (kg) 더 많이 땄습

  니다.

  답 주현, $\frac{4}{63}$ kg

21. 대분수의 뺄셈 문장제

106쪽

1. 생각하며 푼다! 5, 4, $3\dfrac{1}{10}$

   답 $3\dfrac{1}{10}$

2. 생각하며 푼다! 3, $3\dfrac{10}{24}$, 27, $3\dfrac{10}{24}$, $1\dfrac{17}{24}$

   답 $1\dfrac{17}{24}$

3. 생각하며 푼다! 5, $2\dfrac{2}{10}$, $6\dfrac{3}{10}$, $6\dfrac{3}{10}$

   답 $6\dfrac{3}{10}$ kg

4. 생각하며 푼다! $3\dfrac{5}{8}-1\dfrac{6}{8}=2\dfrac{13}{8}-1\dfrac{6}{8}=1\dfrac{7}{8}$, $1\dfrac{7}{8}$

   답 $1\dfrac{7}{8}$ m

107쪽

1. 생각하며 푼다! 사용한, $4\dfrac{1}{6}$, $2\dfrac{5}{9}$, 4, 3, $2\dfrac{10}{18}$, 3, 21, $2\dfrac{10}{18}$, $1\dfrac{11}{18}$

   답 $1\dfrac{11}{18}$ L

2. 생각하며 푼다! 남은 테이프의 길이, 사용한 테이프의 길이, $8\dfrac{2}{3}$, $3\dfrac{2}{5}$, $8\dfrac{10}{15}$, $3\dfrac{6}{15}$, $5\dfrac{4}{15}$

   답 $5\dfrac{4}{15}$ m

3. 생각하며 푼다!

   예 (남은 밀가루의 양)

   =(처음에 있던 밀가루의 양)

   −(사용한 밀가루의 양)

   $=2\dfrac{1}{2}-1\dfrac{1}{6}=2\dfrac{3}{6}-1\dfrac{1}{6}=1\dfrac{2}{6}=1\dfrac{1}{3}$ (kg)

   답 $1\dfrac{1}{3}$ kg

108쪽

1. 생각하며 푼다! $1\dfrac{3}{4}$, $\dfrac{2}{3}$, $1\dfrac{9}{12}$, $\dfrac{8}{12}$, $1\dfrac{1}{12}$

   답 $1\dfrac{1}{12}$ L

2. 생각하며 푼다! 색종이 수, 민채가 사용한 색종이 수, $6\dfrac{2}{5}$, $4\dfrac{3}{8}$, $6\dfrac{16}{40}$, $4\dfrac{15}{40}$, $2\dfrac{1}{40}$

   답 $2\dfrac{1}{40}$ 장

3. 생각하며 푼다!

   예 (더 사용한 설탕의 양)

   =(케이크를 만드는 데 사용한 설탕의 양)

   −(식빵을 만드는 데 사용한 설탕의 양)

   $=3\dfrac{1}{4}-1\dfrac{5}{6}=3\dfrac{3}{12}-1\dfrac{10}{12}$

   $=2\dfrac{15}{12}-1\dfrac{10}{12}=1\dfrac{5}{12}$ (컵)

   답 $1\dfrac{5}{12}$ 컵

109쪽

1. 생각하며 푼다! 수경, $45\dfrac{4}{7}$, $3\dfrac{1}{2}$, $45\dfrac{8}{14}$, $3\dfrac{7}{14}$, $42\dfrac{1}{14}$

   답 $42\dfrac{1}{14}$ kg

2. 생각하며 푼다! 보라색, 짧은,

   $5\dfrac{3}{8}-1\dfrac{2}{5}=5\dfrac{15}{40}-1\dfrac{16}{40}$

   $=4\dfrac{55}{40}-1\dfrac{16}{40}=3\dfrac{39}{40}$

   답 $3\dfrac{39}{40}$ m

3. 생각하며 푼다!

   예 (집~편의점)=(집~마트)−(더 가까운 거리)

   $=1\dfrac{7}{10}-1\dfrac{2}{15}=1\dfrac{21}{30}-1\dfrac{4}{30}$

   $=\dfrac{17}{30}$ (km)

   답 $\dfrac{17}{30}$ km

110쪽

1. 생각하며 푼다! 21, <, 25, 서점, $2\frac{5}{7}$, $2\frac{3}{5}$,

$$2\frac{25}{35}-2\frac{21}{35}=\frac{4}{35}\,(km)$$

답 서점, $\frac{4}{35}$ km

2. 생각하며 푼다!

예 $5\frac{1}{3}=5\frac{10}{30}>5\frac{3}{10}=5\frac{9}{30}$입니다.

따라서 식혜가

$5\frac{1}{3}-5\frac{3}{10}=5\frac{10}{30}-5\frac{9}{30}=\frac{1}{30}\,(L)$

더 많습니다.

답 식혜, $\frac{1}{30}$ L

111쪽

1. 생각하며 푼다! $5\frac{1}{3}$, $1\frac{3}{5}$, $5\frac{1}{3}$, $1\frac{3}{5}$, 5, $1\frac{9}{15}$, 20,

$1\frac{9}{15}$, $3\frac{11}{15}$

답 $3\frac{11}{15}$

2. 생각하며 푼다! $7\frac{2}{5}$, $2\frac{5}{7}$,

예 $7\frac{2}{5}-2\frac{5}{7}=7\frac{14}{35}-2\frac{25}{35}=6\frac{49}{35}-2\frac{25}{35}$

$=4\frac{24}{35}$입니다.

답 $4\frac{24}{35}$

---

22. 바르게 계산한 값 구하기 문장제

112쪽

1. 생각하며 푼다! $\frac{4}{7}$, 14, $\frac{12}{21}$, $\frac{2}{21}$, $\frac{2}{21}$

답 $\frac{2}{21}$

---

2. 생각하며 푼다! $\frac{7}{12}$, 3, $\frac{7}{12}$, $\frac{10}{12}$, $\frac{5}{6}$, $\frac{5}{6}$

답 $\frac{5}{6}$

3. 생각하며 푼다!

예 어떤 수를 □라 하면 $\square+2\frac{1}{6}=7\frac{5}{8}$이므로

$\square=7\frac{5}{8}-2\frac{1}{6}=7\frac{15}{24}-2\frac{4}{24}=5\frac{11}{24}$입니다.

따라서 어떤 수는 $5\frac{11}{24}$입니다.

답 $5\frac{11}{24}$

4. 생각하며 푼다!

예 어떤 수를 □라 하면 $\square-2\frac{3}{4}=1\frac{3}{10}$이므로

$\square=1\frac{3}{10}+2\frac{3}{4}=1\frac{6}{20}+2\frac{15}{20}=3\frac{21}{20}=4\frac{1}{20}$

입니다. 따라서 어떤 수는 $4\frac{1}{20}$입니다.

답 $4\frac{1}{20}$

113쪽

1. 생각하며 푼다! $\frac{1}{3}$, 3, $\frac{2}{6}$, $\frac{5}{6}$ / $\frac{5}{6}$, $\frac{5}{6}$, 2, $\frac{7}{6}$, $1\frac{1}{6}$

답 $1\frac{1}{6}$

2. 생각하며 푼다! $\frac{2}{5}$, 13, $\frac{6}{15}$, $\frac{7}{15}$ /

$\frac{7}{15}-\frac{2}{5}=\frac{7}{15}-\frac{6}{15}=\frac{1}{15}$

답 $\frac{1}{15}$

114쪽

1. 생각하며 푼다! $\frac{1}{2}$, $\frac{8}{10}$, $\frac{5}{10}$, 13, $1\frac{3}{10}$ / $1\frac{3}{10}$, $1\frac{3}{10}$,

$\frac{5}{10}$, $1\frac{8}{10}$, $1\frac{4}{5}$

답 $1\frac{4}{5}$

2. 생각하며 푼다! $1\frac{2}{9}$, $1\frac{2}{9}$, $2\frac{2}{3}$, $1\frac{2}{9}$, $2\frac{6}{9}$, $3\frac{8}{9}$ /

$3\frac{8}{9}+2\frac{2}{3}$, $3\frac{8}{9}+2\frac{6}{9}$, $5\frac{14}{9}$, $6\frac{5}{9}$

답 $6\frac{5}{9}$

1. 생각하며 푼다! $\dfrac{1}{8}, \dfrac{16}{24}, \dfrac{3}{24}, \dfrac{13}{24}$ / $\dfrac{13}{24}, \dfrac{13}{24}, \dfrac{3}{24}$,

   $\dfrac{10}{24}, \dfrac{5}{12}$

   답 $\dfrac{5}{12}$

2. 생각하며 푼다! $5\dfrac{3}{4}, 5\dfrac{3}{4}, 1\dfrac{1}{5}, 5\dfrac{15}{20}, 1\dfrac{4}{20}, 4\dfrac{11}{20}$,

   $4\dfrac{11}{20}-1\dfrac{1}{5}, 4\dfrac{11}{20}-1\dfrac{4}{20}, 3\dfrac{7}{20}$

   답 $3\dfrac{7}{20}$

23. 분수의 덧셈과 뺄셈 활용 문장제

1. 생각하며 푼다! $\dfrac{3}{4}, \dfrac{1}{6}, \dfrac{9}{12}, \dfrac{2}{12}, \dfrac{11}{12}$ / $\dfrac{11}{12}, 12, \dfrac{11}{12}$,

   $\dfrac{1}{12}$

   답 $\dfrac{1}{12}$

2. 생각하며 푼다!

   예 전체의 $\dfrac{3}{8}+\dfrac{5}{12}=\dfrac{9}{24}+\dfrac{10}{24}=\dfrac{19}{24}$입니다.

   피자 전체를 1이라 하면 남은 피자는 전체의

   $1-\dfrac{19}{24}=\dfrac{24}{24}-\dfrac{19}{24}=\dfrac{5}{24}$입니다.

   답 $\dfrac{5}{24}$

1. 생각하며 푼다!

   예 재석, 민혁, $3\dfrac{2}{5}, 1\dfrac{3}{10}, 3\dfrac{4}{10}-1\dfrac{3}{10}=2\dfrac{1}{10}$ /

   민혁, $3\dfrac{2}{5}, 2\dfrac{1}{10}, 3\dfrac{4}{10}+2\dfrac{1}{10}=5\dfrac{5}{10}=5\dfrac{1}{2}$

   답 $5\dfrac{1}{2}$ kg

2. 생각하며 푼다!

   예 서준, 더 적게 마신,

   $1\dfrac{1}{6}-\dfrac{1}{4}=1\dfrac{2}{12}-\dfrac{3}{12}=\dfrac{14}{12}-\dfrac{3}{12}=\dfrac{11}{12}$ /

   서준, $1\dfrac{1}{6}+\dfrac{11}{12}=1\dfrac{2}{12}+\dfrac{11}{12}=1\dfrac{13}{12}=2\dfrac{1}{12}$

   답 $2\dfrac{1}{12}$ L

1. 생각하며 푼다!

   예 $1\dfrac{7}{10}, 4\dfrac{1}{6}, 1\dfrac{21}{30}+4\dfrac{5}{30}=5\dfrac{26}{30}=5\dfrac{13}{15}$ /

   먹은, $5\dfrac{13}{15}, 3\dfrac{2}{3}, 5\dfrac{13}{15}-3\dfrac{10}{15}=2\dfrac{3}{15}=2\dfrac{1}{5}$

   답 $2\dfrac{1}{5}$ kg

2. 생각하며 푼다!

   예 노란색, $2\dfrac{4}{7}+\dfrac{2}{3}=2\dfrac{12}{21}+\dfrac{14}{21}=2\dfrac{26}{21}=3\dfrac{5}{21}$

   / 전체, 사용한,

   $3\dfrac{5}{21}-\dfrac{5}{6}=3\dfrac{10}{42}-\dfrac{35}{42}=2\dfrac{52}{42}-\dfrac{35}{42}=2\dfrac{17}{42}$

   답 $2\dfrac{17}{42}$ m

1. 생각하며 푼다!

   예 $2\dfrac{5}{12}, 3\dfrac{3}{8}, 2\dfrac{10}{24}+3\dfrac{9}{24}=5\dfrac{19}{24}$ /

   색 테이프 2장, $5\dfrac{19}{24}, \dfrac{3}{4}, 5\dfrac{19}{24}-\dfrac{18}{24}=5\dfrac{1}{24}$

   답 $5\dfrac{1}{24}$ m

2. 생각하며 푼다!

   예 $1\dfrac{3}{7}+2\dfrac{1}{6}=1\dfrac{18}{42}+2\dfrac{7}{42}=3\dfrac{25}{42}$,

   색 테이프 2장의 길이의 합, 겹쳐진,

   $3\dfrac{25}{42}-\dfrac{1}{2}=3\dfrac{25}{42}-\dfrac{21}{42}=3\dfrac{4}{42}=3\dfrac{2}{21}$

   답 $3\dfrac{2}{21}$ m

1. 생각하며 푼다!

예 동생, 수민, $45\frac{1}{6}$, $3\frac{7}{10}$,

$$45\frac{5}{30}-3\frac{21}{30}=44\frac{35}{30}-3\frac{21}{30}$$
$$=41\frac{14}{30}=41\frac{7}{15} \Big/$$

$45\frac{1}{6}$, $41\frac{7}{15}$, $45\frac{5}{30}+41\frac{14}{30}=86\frac{19}{30}$

답 $86\frac{19}{30}$ kg

2. 생각하며 푼다!

예 준기, 어머니, 가벼운,

$$54\frac{2}{3}-7\frac{5}{9}=54\frac{6}{9}-7\frac{5}{9}=47\frac{1}{9} \Big/$$

$$54\frac{2}{3}+47\frac{1}{9}=54\frac{6}{9}+47\frac{1}{9}=101\frac{7}{9}$$

답 $101\frac{7}{9}$ kg

1. 생각하며 푼다!

예 지성, 서현, 더 마신,

$$\frac{2}{9}+\frac{1}{5}=\frac{10}{45}+\frac{9}{45}=\frac{19}{45} \Big/$$

지성이가 마신 식혜의 양,

$$\frac{2}{9}+\frac{19}{45}=\frac{10}{45}+\frac{19}{45}=\frac{29}{45},$$

$$\frac{29}{45}=\frac{45}{45}-\frac{29}{45}=\frac{16}{45}$$

답 $\frac{16}{45}$ L

2. 생각하며 푼다!

예 $\frac{5}{12}-\frac{1}{4}=\frac{5}{12}-\frac{3}{12}=\frac{2}{12}=\frac{1}{6}$ /

$$\frac{5}{12}+\frac{1}{6}=\frac{5}{12}+\frac{2}{12}=\frac{7}{12} \Big/$$

$$2-\frac{7}{12}=1\frac{12}{12}-\frac{7}{12}=1\frac{5}{12}$$

답 $1\frac{5}{12}$ m

 단원평가 **이렇게 나와요!**

1. $\frac{13}{20}$ L	2. $9\frac{11}{20}$, $1\frac{19}{20}$
3. $7\frac{17}{18}$ m	4. $\frac{11}{35}$ kg
5. $40\frac{9}{20}$ kg	6. $5\frac{3}{4}$
7. $\frac{7}{40}$ m	

2. 가장 큰 대분수는 $5\frac{3}{4}$이고, 가장 작은 대분수는

$3\frac{4}{5}$입니다.

합: $5\frac{3}{4}+3\frac{4}{5}=5\frac{15}{20}+3\frac{16}{20}$

$$=8\frac{31}{20}=9\frac{11}{20}$$

차: $5\frac{3}{4}-3\frac{4}{5}=5\frac{15}{20}-3\frac{16}{20}$

$$=4\frac{35}{20}-3\frac{16}{20}=1\frac{19}{20}$$

6. 어떤 수를 □라 하면 $□-2\frac{1}{6}=1\frac{5}{12}$이므로

$□=1\frac{5}{12}+2\frac{1}{6}=1\frac{5}{12}+2\frac{2}{12}=3\frac{7}{12}$입니다.

따라서 바르게 계산하면

$3\frac{7}{12}+2\frac{1}{6}=3\frac{7}{12}+2\frac{2}{12}=5\frac{9}{12}=5\frac{3}{4}$입니다.

7. (희서가 사용한 철사의 길이)

$$=\frac{7}{20}+\frac{1}{8}=\frac{14}{40}+\frac{5}{40}=\frac{19}{40} \text{ (m)}$$

(두 사람이 사용한 철사의 길이)

$$=\frac{7}{20}+\frac{19}{40}=\frac{14}{40}+\frac{19}{40}=\frac{33}{40} \text{ (m)}$$

(남은 철사의 길이)

$$=1-\frac{33}{40}=\frac{40}{40}-\frac{33}{40}=\frac{7}{40} \text{ (m)}$$

여섯째 마당·다각형의 둘레와 넓이

24. 정다각형의 둘레, 사각형의 둘레 문장제

124쪽

1. 생각하며 푼다! 3, 12
   답 12 cm

2. 생각하며 푼다! 5, 30
   답 30 cm

3. 생각하며 푼다! 3, 8, 16
   답 16 cm

4. 생각하며 푼다! 4, 10, 20
   답 20 cm

5. 생각하며 푼다! 4, 32
   답 32 cm

125쪽

1. 생각하며 푼다! 20, 5, 4
   답 4 cm

2. 생각하며 푼다! 둘레, 28, 4, 7
   답 7 cm

3. 생각하며 푼다! 16, 16, 8, 6, 8, 8, 6, 2
   답 2 cm

126쪽

1. 생각하며 푼다! 변, 12, 4, 48
   답 48 cm

2. 생각하며 푼다! 세로, 10, 5, 15, 30
   답 30 cm

3. 생각하며 푼다! 정육각형, 변의 수, 4, 6, 24
   답 24 cm

127쪽

1. 생각하며 푼다! 변, 9, 4, 36, 36, 36, 6, 6
   답 6 cm

2. 생각하며 푼다! 8, 3, 24
   예 24 cm입니다.
   (마름모의 한 변의 길이)
   ＝(둘레)÷(변의 수)
   ＝24÷4＝6 (cm)
   답 6 cm

128쪽

1. 생각하며 푼다! 6, 15, 30, 30 / 30, 5, 6
   답 6 cm

2. 생각하며 푼다! 18＋12, 60, 직사각형의 둘레와 같은
   60 cm / 60÷6, 10
   답 10 cm

3. 생각하며 푼다!
   예 (직사각형의 둘레)＝(10＋4)×2
   ＝14×2＝28 (cm)
   마름모의 둘레는 직사각형의 둘레와 같은 28 cm
   입니다.
   (마름모의 한 변의 길이)＝28÷4＝7 (cm)
   답 7 cm

129쪽

1. 생각하며 푼다! 50, 25, 25, 20, 10, 10
   답 10 cm

2. 생각하며 푼다! 34, 17, 17, 14, 7, 7, 10
   답 10 cm

3. 생각하며 푼다!
   예 (★＋★＋2)×2＝60,
   ★＋★＋2＝60÷2,
   ★＋★＋2＝30,
   ★＋★＝30－2,
   ★＋★＝28, ★＝14입니다.
   따라서 직사각형의 세로는
   ★＋2＝14＋2＝16 (cm)입니다.
   답 16 cm

25. 직사각형의 넓이, 정사각형의 넓이 문장제

130쪽

1. 생각하며 푼다! 6, 11, 66

   답 66 cm²

2. 생각하며 푼다! 9, 9, 81

   답 81 cm²

3. 생각하며 푼다!

   예) (직사각형 모양의 케이크의 넓이)

   　＝20×4＝80 (cm²)

   　(정사각형 모양의 케이크의 넓이)

   　＝8×8＝64 (cm²)

   　직사각형 모양의 케이크의 넓이가 더 넓습니다.

   답 직사각형

131쪽

1. 생각하며 푼다! 40, 4, 10 / 10, 10, 100

   답 100 cm²

2. 생각하며 푼다! 4, 5, 20, 20 / 변의 수, 20, 4, 5 / 5,
   　　　　　　　 5, 25

   답 25 cm²

132쪽

1. 생각하며 푼다! 12, 96 / 96, 12, 8, 8

   답 8 cm

2. 생각하며 푼다! 36, 36, 6, 6

   답 6 cm

3. 생각하며 푼다!

   예) 9×□＝63, □＝63÷9＝7입니다.

   　따라서 초콜릿의 세로는 7 cm입니다.

   답 7 cm

133쪽

1. 생각하며 푼다! 2, 10, 3, 5 / 10, 5, 50

   답 50 cm²

2. 생각하며 푼다! 5, 5, 10＋6, 16 / 5×16, 80

   답 80 cm²

3. 생각하며 푼다!

   예) 12－4＝8 (cm)

   　(직사각형의 세로)＝12＋3＝15 (cm)

   　(직사각형의 넓이)＝(가로)×(세로)

   　　　　　　　　　　＝8×15＝120 (cm²)

   답 120 cm²

134쪽

1. 생각하며 푼다! 6, 6, 36, 36 / 3, 36, 36, 3, 12, 12

   답 12 cm

2. 생각하며 푼다!

   예) 8×8＝64 (cm²)

   　직사각형 가의 넓이는 정사각형 나의 넓이와 같은

   　64 cm²입니다.

   　직사각형 가의 가로를 □ cm라 하면

   　□×4＝64, □＝64÷4＝16입니다.

   　따라서 직사각형 가의 가로는 16 cm입니다.

   답 16 cm

26. 평행사변형의 넓이, 삼각형의 넓이 문장제

135쪽

1. 생각하며 푼다! 7, 8, 56

   답 56 cm²

2. 생각하며 푼다! 11, 6, 66, 33

   답 33 cm²

3. 생각하며 푼다!

   예) (나무 조각판의 넓이)＝(밑변의 길이)×(높이)

   　　　　　　　　　　　＝3×9＝27 (cm²)

   답 27 cm²

136쪽

1. 생각하며 푼다! 높이, 60, 60, 15, 4, 4

   답 4 cm

2. 생각하며 푼다! 밑변의 길이, 65, 65, 5, 13, 13

   답 13 cm

3. 생각하며 푼다!

예 (평행사변형의 넓이)＝(밑변의 길이)×(높이)이므로 높이를 □ cm라 하면 3×□＝42,
□＝42÷3＝14입니다.
따라서 평행사변형의 높이는 14 cm입니다.

답 14 cm

137쪽

1. 생각하며 푼다! 높이, 20, 40, 40, 8, 5, 5

답 5 cm

2. 생각하며 푼다! 밑변의 길이, 2, 24 / 48, 48, 4, 12, 12

답 12 cm

3. 생각하며 푼다!

예 (삼각형의 넓이)＝(밑변의 길이)×(높이)÷2이므로 높이를 □ cm라 하면 7×□÷2＝21,
7×□＝42, □＝42÷7＝6입니다.
따라서 삼각형의 높이는 6 cm입니다.

답 6 cm

138쪽

1. 생각하며 푼다! 9, 8, 72, 72 / 6, 72, 72, 6, 12, 12

답 12 cm

2. 생각하며 푼다! 6, 6, 36, 18, 18 / 2, 18, 18, 2, 9, 9

답 9 cm

139쪽

1. 생각하며 푼다! 5, 3, 15 / 15, 150

답 150 cm²

2. 생각하며 푼다! 10, 7, 70, 35 / 35, 700

답 700 cm²

3. 생각하며 푼다!

예 (타일 한 장의 넓이)＝(삼각형의 넓이)
＝8×4÷2＝16 (cm²)
(타일 30장의 넓이)＝16×30＝480 (cm²)

답 480 cm²

27. 마름모의 넓이, 사다리꼴의 넓이 문장제

140쪽

1. 생각하며 푼다! 12, 6, 2 / 72, 2, 36

답 36 cm²

2. 생각하며 푼다! 아랫변, 4, 6, 7 / 10, 7, 2, 70, 2, 35

답 35 cm²

3. 생각하며 푼다!

예 ＝((윗변의 길이)＋(아랫변의 길이))×(높이)÷2
＝10×5÷2＝50÷2＝25 (cm²)

답 25 cm²

141쪽

1. 생각하며 푼다! 70, 70, 140, 140, 10, 10

답 10 cm

2. 생각하며 푼다! 50, 50, 2, 100, 100, 10, 10

답 10 cm

3. 생각하며 푼다!

예 구하는 대각선의 길이를 □ cm라 하면
6×□÷2＝15, 6×□＝15×2, 6×□＝30,
□＝30÷6＝5입니다.
따라서 다른 대각선의 길이는 5 cm입니다.

답 5 cm

142쪽

1. 생각하며 푼다! 9, 80, 16, 80 / 16, 160, 160, 16, 10, 10

답 10 cm

2. 생각하며 푼다! 4＋6, 40, 10, 40 / 10, 80, 80, 10, 8, 8

답 8 cm

3. 생각하며 푼다!

예 나무 조각의 높이를 □ cm라 하면
(3＋5)×□÷2＝24, 8×□＝24×2,
8×□＝48, □＝48÷8＝6입니다.
따라서 나무 조각의 높이는 6 cm입니다.

답 6 cm

143쪽

1. 생각하며 푼다! 4, 4, 6, 24, 24 / 24, 4, 6 / 6, 6, 36

   답 36 cm^2

2. 생각하며 푼다! 8, 정오각형, 정오각형, 8×5=40 /
   정오각형, 40, 40÷4=10,
   10×10=100

   답 100 cm^2

144쪽

1. 생각하며 푼다! 30, 30, 15 / 15, 7, 7 / 8, 7, 56

   답 56 cm^2

2. 생각하며 푼다! 26, 26, 2, 13 / 13, 4, 9, 9 /
   9×4=36

   답 36 cm^2

3. 생각하며 푼다!

   예 직사각형의 세로를 □ cm라 하면
   (6+□)×2=20, 6+□=20÷2, 6+□=10,
   □=10−6=4이므로 직사각형의 세로는 4 cm
   입니다.
   따라서 직사각형의 넓이는 6×4=24 (cm^2)입
   니다.

   답 24 cm^2

145쪽

1. 생각하며 푼다! 20, 15, 300 / 300, 12 / 300, 12, 25
   / 15, 25, 40, 80

   답 80 cm

2. 생각하며 푼다! 예 15×4=60 / 60, 5 / 60÷5=12
   / (10+12)×2=22×2=44

   답 44 cm

 단원평가 이렇게 나와요! 146쪽

1. 42 cm	2. 6 cm
3. 81 cm^2	4. 50 cm^2
5. 7 cm	6. 6 cm
7. 66 cm	

4. (직사각형의 가로)=7+3=10 (cm)
   (직사각형의 세로)=7−2=5 (cm)
   (직사각형의 넓이)=(가로)×(세로)
   =10×5=50 (cm^2)

6. 색종이의 높이를 □ cm라 하면
   (8+3)×□÷2=33, 11×□=33×2,
   11×□=66, □=66÷11=6입니다.
   따라서 색종이의 높이는 6 cm입니다.

7. (직사각형 나의 넓이)=20×12
   =240 (cm^2)
   평행사변형 가의 넓이는 240 cm^2, 높이는 16 cm
   이므로
   (밑변의 길이)=240÷16=15 (cm)입니다.
   따라서 평행사변형 가의 둘레는
   (18+15)×2=33×2=66 (cm)입니다.

여기까지 온 바빠 친구들!
정말 대단해요~
2학기 때도 다시 만나요!